Stephen Nyamasyo

Efeitos da alteração da utilização dos solos na conservação da vida selvagem no Quénia

Stephen Nyamasyo

Efeitos da alteração da utilização dos solos na conservação da vida selvagem no Quénia

Mudança dos padrões de uso da terra e o seu impacto nos ungulados selvagens no ecossistema das zonas húmidas de Kimana, Condado de Kajiado, Quénia

ScienciaScripts

Imprint

Cover image: www.ingimage.com

This book is a translation from the original published under ISBN 978-3-659-85242-8.

Publisher:
Sciencia Scripts
is a trademark of
Dodo Books Indian Ocean Ltd. and OmniScriptum S.R.L publishing group

120 High Road, East Finchley, London, N2 9ED, United Kingdom
Str. Armeneasca 28/1, office 1, Chisinau MD-2012, Republic of Moldova, Europe
Printed at: see last page
ISBN: 978-620-8-35968-3

ÍNDICE DE CONTEÚDO

RECONHECIMENTO

Muitas pessoas contribuíram de diferentes formas para a realização deste trabalho e quero agradecer a todas elas. Os meus agradecimentos sem reservas são devidos a Deus Todo-Poderoso, através de quem tudo é possível. Estou muito grato aos meus supervisores: Dr. George G. Ndiritu, do Museu Nacional do Quénia, e ao Sr. Wilson Nyaoro, da Escola de Estudos Ambientais da Universidade Kenyatta, que me ajudaram imenso a melhorar a minha proposta original, fornecendo-me informações e sugestões úteis.

Os meus agradecimentos são devidos à minha entidade patronal, KWS, por me ter concedido uma licença de estudo e financiado os meus estudos. George Otianga Owiti, Diretor do KWSTI, pelo seu encorajamento e pela sua visão útil durante todo o período de estudo. Destaco para agradecimento as seguintes organizações: Global Land Cover Facility (GLCF) e Regional Centre for Mapping of Resources for Development (RCMRD), que forneceram as imagens de satélite que foram cruciais para o estudo; NEMA, ILRI, KBS, DRSRS, KWS e os ranchos do grupo encontrados na área de estudo, por responderem a questões e fornecerem dados relacionados com o estudo.

Expresso a minha sincera gratidão às seguintes pessoas: o Comissário Distrital, Distrito de Loitokitok, Sr. Harsammah; o pessoal dos Ministérios da Agricultura, Pecuária, Planeamento e Desenvolvimento Nacional, e Ministério da Educação; e o Sr. Ngozi, antigo diretor honorário do KCWS, pela sua imensa contribuição no fornecimento de dados relativos ao estudo. Um agradecimento especial vai para os residentes do KWE e para os caçadores do KCWS pela sua receção hospitaleira durante o inquérito de campo e por responderem a questões relacionadas com o estudo. Finalmente, estou muito grato ao Sr. Dennis Macharia do RCMRD, por ter disponibilizado o software ARCGIS e EDRAS utilizado para efetuar a análise de imagens e dados.

RESUMO

Os ungulados selvagens são mamíferos com cascos que incluem grandes herbívoros e navegadores. Têm um elevado valor económico e os seus recursos fornecem bens e serviços ambientais. No Quénia, os recursos da fauna selvagem contribuem direta e indiretamente para a economia local e nacional através da geração de receitas. Na África Oriental, o número de ungulados selvagens diminuiu drasticamente devido a alterações na utilização dos solos (LUCs) nas últimas três décadas. Esta situação afectou os habitats da vida selvagem, convertendo-os em terras agrícolas e povoações humanas. O ecossistema das zonas húmidas de Kimana (KWE), que faz parte do grande ecossistema de Amboseli (AE) no Quénia, não é exceção e, nas últimas três décadas, tem sofrido mais rapidamente do que o habitual com as alterações da utilização dos solos, que afectaram as espécies de ungulados selvagens. Este estudo utilizou dados de deteção remota do satélite Landsat para analisar a alteração dos padrões de utilização dos solos de 1980 a 2013 e os seus impactos nos ungulados selvagens em KWE. Os objectivos do estudo eram mapear as LUCs na KWE, determinar as possíveis causas das LUCs na KWE e examinar os efeitos das LUCs nos ungulados selvagens na KWE. Foi realizado um inquérito socioeconómico através de questionários e entrevistas a 200 agregados familiares e 20 instituições para determinar as possíveis causas das LUCs e os seus efeitos nos ungulados selvagens. Os resultados revelaram um aumento notável da dimensão das terras agrícolas, das povoações e de outras terras e um declínio das florestas, dos prados, das zonas húmidas e dos bosques. As principais causas possíveis da LUC foram a expansão agrícola, a dinâmica da população humana, os factores económicos, a alteração da política de posse da terra, a política e os factores socioculturais. Os principais efeitos das LUCs sobre os ungulados selvagens na KWE incluem um declínio no número de ungulados selvagens, a destruição do habitat, o aumento dos conflitos entre humanos e animais selvagens, a degradação da terra e a deslocação dos ungulados selvagens pelo gado. O estudo recomenda o zoneamento do uso da terra na KWE e o estabelecimento de um esquema eficaz e eficiente de partilha de benefícios para a vida selvagem.

ABREVIATURAS E ACRÓNIMOS

AE	Amboseli Ecosystem
AMP	Amboseli Management Plan
ANP	Amboseli National Park
AWF	African Wildlife Foundation
CBD	Convention on Biological Diversity
CBOs	Community Based Organizations
CG	County Government
CITES	Convention on International Trade of Endangered Species
CWS	Community Wildlife Service
DRSRS	Department of Remote Sensing and Resource Survey
EMCA	Environmental Management and Coordination Act
GIS	Geographical Information Systems
GoK	Government of Kenya
GR	Group Ranch
HWC	Human-Wildlife Conflict
IUCN	International Union for Conservation of Nature
KCWS	Kimana Community Wildlife Sanctuary
KGR	Kimana Group Ranch
KWE	Kimana Wetland Ecosystem
KWS	Kenya Wildlife Service
LUC	Land Use Change
MOA	Ministry of Agriculture
MOF	Ministry of Finance
MOL	Ministry of Livestock
NEMA	National Environment Management Authority
PAC	Problem Animal Control
RCMRD	Regional Centre for Mapping of Resources for Development
UNEP	United Nations Environment Programme
WCMD	Wildlife Conservation and Management Department

CAPÍTULO 1: INTRODUÇÃO

1.1 Antecedentes do problema

Os ungulados selvagens são mamíferos com cascos que incluem grandes herbívoros e navegadores. Representam a grande maioria dos grandes herbívoros atualmente existentes na Terra e encontram-se em quase todos os biomas, especialmente nas pradarias áridas e semi-áridas (Flannery, 2001). A sua abundância e distribuição espacial estão altamente relacionadas com a disponibilidade de forragem de qualidade e de recursos hídricos (Prins, 1992).

Os ungulados selvagens têm valores económicos elevados como fonte de rendimento através da utilização consumptiva e não consumptiva (Barnes, Schier e van Rooy, 1999; Van der Waal e Dekker, 2000; Ogutu, 2002). Os seus recursos fornecem bens e serviços ambientais para a subsistência das populações, valores estéticos, socioculturais e ecológicos. No Quénia, os recursos da vida selvagem representaram 70% das receitas brutas do turismo, 25% do Produto Interno Bruto (PIB) e mais de 10% do emprego total do sector formal (GoK, 2011).

A importância da vida selvagem nos biomas de pradarias do mundo diminuiu drasticamente quando a maioria da mega fauna se extinguiu na América e na Austrália (Martin, 1984). Embora África tenha sido excecional na retenção de uma diversidade e concentração consideráveis da sua fauna selvagem, em comparação com a América e a Austrália, as populações de muitas das suas espécies de ungulados selvagens diminuíram substancialmente dentro e fora das áreas protegidas nas últimas três décadas (Stoner *et al.*, 2007; Caro e Scholte, 2007; Bolger *et al.*, 2008; Western, Russell e Cuthill, 2009). Mais perto de casa, na África Oriental, a taxa de declínio tem sido muito acentuada (Western e Manzolillo, 2004).

O Quénia é reconhecido internacionalmente como um país mega diverso em termos de riqueza em biodiversidade, com mais de 25.000 espécies de animais e 7.000 espécies de plantas. É o segundo maior país africano em termos de riqueza de espécies de aves e mamíferos, com uma estimativa de 407 mamíferos, 1103 aves, 261 répteis, 63 anfíbios, 314 peixes e 6.506 plantas superiores (Grunblatt et al., 1996; IUCN, 2008, base de dados KWS, 2013). No entanto, nas últimas três décadas, estes números diminuíram entre 35% e 50% (Grunblatt *et al.*, 1996) e alguns foram agora incluídos entre as 33 espécies de mamíferos ameaçadas (IUCN, 2008). Este declínio nos números da vida selvagem a nível global, regional e local tem sido largamente atribuído a LUCs, destruição de habitats, secas recorrentes, caça furtiva e outras actividades antropogénicas (Loibooki *et al.*, 2002; Norton-Griffiths *et al.*, 2009).

Os LUCs têm um impacto direto na biodiversidade global (Lambin *et al.*, 2001; Sala *et al.*, 2000). Na África Oriental, os LUCs transformaram a cobertura da terra em terras agrícolas, campos de pastagem de gado, povoações à custa do habitat da fauna bravia. Estas mudanças estão associadas à destruição do habitat, desflorestação, perdas de fauna bravia, degradação da terra e bloqueio dos corredores de fauna bravia (Maitima *et al.*, 2009; Gordon, 2009).

No Quénia, o aumento da população humana está a levar rapidamente à invasão dos habitats da fauna bravia (Okello e Kiringe, 2004). Por sua vez, isto está a resultar na redução do espaço para a vida selvagem e no bloqueio dos corredores de vida selvagem. Se as áreas protegidas não tiverem corredores de vida selvagem, a deriva genética pode ser dificultada e pode ocorrer consanguinidade. Esta situação pode também conduzir a um aumento dos conflitos entre o homem e a vida selvagem, à instabilidade das populações, à perda de integridade ecológica e, eventualmente, à extinção local de espécies (Newmark, 1993; Campbell *et al.*, 2000). Cenários como os conflitos entre o homem e a fauna bravia criam frustração e hostilidade em relação à fauna bravia e podem resultar em assassínios por retaliação (Sindiga, 1995; Okello, 2005). A ameaça às populações de ungulados selvagens é, portanto, eminente no Quénia, particularmente quando se considera o facto de muitas das áreas protegidas estarem a ficar cada vez mais insularizadas pela expansão das áreas dominadas pelo homem (Okello e Kiringe, 2004; Okello, 2005).

Em 1992, a Cimeira da Terra salientou os efeitos da destruição ambiental que ocorre no mundo e a necessidade de proteger os pontos críticos da biodiversidade, defendendo o desenvolvimento sustentável e uma maior proteção de ecossistemas valiosos. Como resultado, a Convenção sobre a Diversidade Biológica (CDB) foi ratificada por 150 países, incluindo o Quénia. Esta convenção sublinhou a necessidade de adotar medidas especiais para conservar a diversidade biológica. No mesmo ano, o Congresso Mundial sobre Parques Nacionais e Áreas Protegidas concordou em designar um mínimo de 10% de cada bioma sob a sua jurisdição como áreas protegidas (CFC, 2010).

As iniciativas de conservação da fauna bravia do Quénia estão consagradas no Documento Sessional n.º 3 de 1975, intitulado "*A Statement on Future Wildlife Management Policy in Kenya*". Esta política constituiu um afastamento radical da anterior abordagem à conservação da vida selvagem, que colocava a tónica nas áreas protegidas. A política levou à promulgação do Wildlife and Conservation Act Cap 376, que conduziu à criação do KWS em 1990 como uma empresa pública com o mandato de proteger a vida selvagem e os seus habitats. O KWS gere cerca de 8 % (44 000 km^2) da massa terrestre total do Quénia, constituindo 23 parques nacionais terrestres 5,2 % (30 348,29 km^2), 31 reservas nacionais terrestres 2,8 % (16 478.40 km^2), 6 santuários nacionais 0,01% (71,34 km^2), 4 parques nacionais marinhos 0,01% (70,09 km^2) e 6 reservas nacionais marinhas 0,12% (706 km^2), que representam entre 25-35% do total das populações de animais selvagens. O KWS é também responsável por 154 estações de campo para a gestão de 65-75% da vida selvagem, que se encontra fora das áreas protegidas. Para além das áreas geridas pelo KWS, o Quénia tem outras áreas de conservação (terras comunitárias, áreas de conservação comunitárias, santuários, ranchos privados, áreas de conservação privadas e explorações de caça) que são geridas pelos governos dos condados, comunidades locais, fundos fiduciários e empresas privadas e indivíduos.

O ecossistema das zonas húmidas de Kimana (KWE) faz parte do ecossistema de Amboseli (AE). Está situado numa região semi-árida e tem uma série de nascentes provenientes da bacia hidrográfica do Monte Kilimanjaro que são partilhadas pelos ranchos do grupo Kimana e Mbirikani (AEP, 2008-2018). A KWE é uma zona crítica de dispersão e reprodução da vida selvagem para os ecossistemas de Amboseli e Tsavo (Okello *et al.*, 2010). Os sistemas fluviais de Kimana-Kikarankot e Nolturesh são as principais zonas húmidas do ecossistema. A bacia hidrográfica superior do sistema do rio Kimana-Kikarankot é a fonte de água mais extensa e fiável fora do Parque Nacional de Amboseli (ANP) e tem sofrido ameaças relacionadas com a agricultura de regadio nos últimos 10 anos (AEP, 2008-2018).

As ameaças à conservação e gestão da KWE são: cultivo e assentamentos permanentes nas áreas de dispersão da vida selvagem; invasão das zonas húmidas; e competição por água e pasto entre o gado e os ungulados selvagens (Okello *et al.*, 2010). O deficiente zonamento e controlo do uso do solo levou ao aparecimento de tipos de uso do solo descoordenados e conflituosos na KWE (AEP, 2008-2018). O estudo procurou determinar as mudanças nos padrões de uso da terra no ecossistema das zonas húmidas de Kimana de 1980 a 2013 e, posteriormente, determinar as possíveis causas das mudanças no uso da terra e os efeitos do uso da terra na população de ungulados selvagens. O estudo levantou a hipótese de que as mudanças no padrão de uso da terra levaram a um declínio significativo da população de ungulados selvagens no KWE. As hipóteses estatísticas do estudo foram;

a) HO: Não se registou um aumento significativo de LUCs na KWE de 1980 a 2013.

b) HO: As mudanças nos padrões de uso da terra na KWE não tiveram efeitos significativos nas populações de ungulados selvagens.

c) Ho: O aumento da população de gado e as actividades humanas não resultaram num declínio notável do número de ungulados selvagens na KWE.

1.2 Declaração do problema

Apesar dos esforços maciços de conservação apoiados por um apoio internacional significativo, as alterações nos padrões de utilização dos solos e os impactos associados das actividades humanas continuam a acelerar a taxa de conversão das zonas húmidas e dos habitats de vida selvagem na KWE. A zona atraiu uma grande população humana que procura terras férteis e água para as culturas agrícolas. Prevê-se que a agricultura de regadio, que contribui de forma importante para a subsistência e a economia dos habitantes locais, aumente. É provável que isto represente uma ameaça para a conservação das zonas húmidas e dos habitats de vida selvagem, uma vez que as pessoas continuarão a invadir as zonas húmidas e outros habitats de vida selvagem em busca de mais terras para a agricultura, a colonização e o desenvolvimento de infra-estruturas.

Prevê-se que a invasão humana nas zonas húmidas e noutros habitats de vida selvagem conduza a conflitos entre humanos, gado e vida selvagem por causa da água e da erva. É provável que a extensão e a magnitude dos conflitos se intensifiquem durante a estação seca, quando os recursos naturais das zonas húmidas e outros habitats da fauna bravia, sob a forma de água, forragem, terra e minerais, se tornam escassos e a procura por eles aumenta. Geralmente, os usos agrícolas da terra não são compatíveis com a conservação da fauna bravia. Os impactos das mudanças no uso da terra sobre os ungulados selvagens na KWE ainda não foram totalmente apreciados. A informação sobre a sua manifestação e intensidade é inadequada, apesar da sua importância na formulação de medidas de mitigação. Isto dificultou a mitigação das perdas de zonas húmidas, habitats de vida selvagem e ungulados selvagens e a conservação das zonas húmidas, habitats de vida selvagem e ungulados selvagens no Ecossistema das Zonas Húmidas de Kimana.

1.3 Questões de investigação

1) Qual é a taxa de mudança dos tipos de uso da terra no ecossistema da zona húmida de Kimana?

2) Quais são as possíveis causas da mudança de uso da terra no ecossistema das zonas húmidas de Kimana?

3) Quais são os efeitos das mudanças no uso da terra sobre os ungulados selvagens no ecossistema das zonas húmidas de Kimana?

1.4 Objectivos do estudo

O principal objetivo deste estudo foi avaliar as mudanças nos padrões de uso da terra e o seu impacto sobre os ungulados selvagens no ecossistema das zonas húmidas de Kimana. Os objectivos específicos do estudo são:

1) Mapear as mudanças no uso da terra no ecossistema das zonas húmidas de Kimana de 1980 a 2013.

2) Determinar as possíveis causas das mudanças no uso da terra no ecossistema das zonas húmidas de Kimana de 1980 a 2013.

3) Examinar os efeitos das alterações do uso do solo sobre os ungulados selvagens no ecossistema das zonas húmidas de Kimana entre 1980 e 2013.

4) Preparar a matriz de planeamento para a gestão integrada do ecossistema das zonas húmidas de Kimana

1.5 Hipótese de investigação

1) HO: não houve um aumento significativo nas mudanças de uso da terra na KWE de 1980 a 2013.

2) HO: as alterações nos padrões de utilização dos solos na KWE não tiveram efeitos significativos nas populações de ungulados selvagens.

3) HO: o aumento da população pecuária e das actividades turísticas na KWE não resultou num declínio notável do número de ungulados selvagens na KWE.

1.6 Justificação do estudo

O ecossistema das zonas húmidas de Kimana (KWE) é uma zona crítica de dispersão e reprodução da vida selvagem para os Parques Nacionais de Amboseli, Tsavo West e Chyulu, no Quénia. No entanto, nas últimas décadas, tem vindo a registar mudanças mais rápidas do que o habitual na utilização dos solos.

Esta situação afectou a ecologia da vida selvagem, comprometendo assim a capacidade da KWE de ser uma zona de refúgio para os animais selvagens durante os períodos de seca. A informação científica fiável sobre os efeitos da alteração do uso do solo na dinâmica dos ungulados selvagens na KWE não tem sido apreciada, apesar da importância de tal informação na formulação de medidas corretivas.

A perda de zonas húmidas, de outros habitats chave de vida selvagem e de espécies de ungulados selvagens continuará na KWE se a atual invasão e conversão dos habitats de vida selvagem em campos agrícolas irrigados, assentamentos humanos e áreas urbanas continuar. De facto, conservacionistas e cientistas ambientais têm questionado a sobrevivência das zonas húmidas e dos habitats de vida selvagem remanescentes, especialmente quando se considera a atual taxa de crescimento da população humana, os padrões de utilização dos solos associados, as actividades antropogénicas, o aumento da população pecuária e o declínio da população de ungulados selvagens.

É necessário compreender as relações entre as várias mudanças no uso da terra e as perdas de ungulados selvagens nas áreas de estudo, se se pretende identificar estratégias sustentáveis de conservação da fauna bravia e se se pretende tomar medidas corretivas adequadas. Como tal, há uma necessidade urgente de realizar um estudo científico sobre as mudanças nos padrões de uso da terra e os seus efeitos sobre os ungulados selvagens e a informação obtida deve ser usada para desenvolver estratégias que possam integrar e harmonizar os objectivos de conservação da fauna bravia com a necessidade de recursos humanos na KWE para atingir um equilíbrio entre a conservação e o desenvolvimento.

1.7 Importância do estudo

O estudo destina-se a fornecer informações úteis sobre os padrões passados e actuais de utilização da terra, as possíveis causas da mudança de utilização da terra e os seus impactos na conservação dos ungulados selvagens na KWE. Os resultados do estudo fornecem informações úteis que podem ser usadas para identificar as causas e formas de conflito entre o homem e a fauna bravia, oportunidades de conservação e gestão de ungulados selvagens. As conclusões e recomendações do estudo também constituem a base para a formulação de decisões adequadas de conservação e gestão da KWE como um habitat crítico de ungulados selvagens. Os resultados do estudo são vitais para a conceção de estratégias de mitigação dos conflitos entre o homem e a fauna selvagem nas áreas de dispersão e nas rotas migratórias do ecossistema.

Além disso, o estudo fornece informações vitais para o conjunto de conhecimentos científicos existentes e identifica lacunas de investigação. Por último, a informação é útil na construção de uma ampla coligação de partes interessadas envolvidas em acções locais para a conservação e gestão das zonas húmidas e da fauna bravia na KWE e no processo de conceber uma integração significativa de todas as questões, partes interessadas e profissionais.

1.8 Âmbito do estudo

O estudo foi realizado no ecossistema da zona húmida de Kimana (com uma área total de 3.348,66 km^2) que faz parte do ecossistema de Amboseli no distrito de Loitokitok, Condado de Kajiado e abrangeu a divisão de Kimana (358.8 km^2), a divisão Entonet (1.349,3 km^2), a localização Imbirikani (339,8 km^2), a divisão Central (1.280,3 km^2) e o Parque Nacional Amboseli (392 km^2) (figura 2; secção 3.2). O estudo avaliou a evolução dos padrões de utilização dos solos na KWE nos últimos 33 anos (de 1980 a 2013) e projectou as futuras utilizações dos solos até 2030. Também avaliou as possíveis causas das mudanças no uso da terra e os efeitos das mudanças no uso da terra em ungulados selvagens na KWE de 1980 a 2013.

1.9 Limitações do estudo

O estudo deparou-se com uma série de limitações. Em primeiro lugar, a obtenção de dados do censo da população de ungulados selvagens para a área de estudo de 1980 a 2013 foi uma tarefa difícil. Isto deve-se à fraca coordenação e armazenamento de dados de investigação para o ecossistema de Amboseli. Os dados disponíveis estavam nas mãos de investigadores privados e a sua localização não foi fácil. A maioria das imagens de satélite disponíveis para a área estava coberta por nuvens, obscurecendo assim a situação real no terreno. Por último, a administração de questionários na zona foi uma tarefa difícil. Isto porque a população local, especialmente os Maasai, que são a tribo dominante, parecem estar cansados das pesquisas contínuas baseadas em entrevistas e questionários. Na sua opinião, estas investigações têm benefícios mínimos para eles. Por isso, o objetivo do estudo teve de lhes ser explicado minuciosamente antes de administrar os questionários.

1.10 Definição de termos operacionais

A área de conservação refere-se a qualquer área (incluindo parques nacionais, reservas nacionais, santuários, santuários comunitários e áreas de conservação) total ou parcialmente designada e registada para a conservação da vida selvagem (GoK, 2011).

Os ecossistemas são interações dinâmicas entre plantas, animais e microrganismos e o seu ambiente, trabalhando em conjunto como uma unidade funcional (Smith *et.al.*, 2012).

O uso da terra é constituído por actividades que têm lugar na terra, como o cultivo, o pastoreio de animais domésticos e selvagens, as construções e a migração de animais, entre outras actividades (Enos, 1998).

Área Protegida refere-se a um espaço geográfico claramente definido, reconhecido, dedicado e gerido, através de meios legais ou outros meios eficazes, para alcançar a conservação a longo prazo da natureza com serviços ecossistémicos e valores culturais associados (Dudley, 2008).

As zonas húmidas são "áreas de terra permanente, sazonal ou ocasionalmente alagadas com água doce, salgada, salobra ou marinha a uma profundidade não superior a seis metros, incluindo áreas naturais e artificiais que suportam biota caraterística" (Ramsar, 1991).

Um corredor de vida selvagem é uma área utilizada por animais selvagens quando migram de uma parte do ecossistema para outra periodicamente em busca de requisitos básicos como água, comida, espaço e habitat (GoK, 2011).

A vida selvagem refere-se a qualquer animal selvagem e indígena, planta, microrganismo ou partes dos mesmos no seu habitat constituinte ou ecossistema em terra ou na água, bem como espécies que tenham sido introduzidas ou estabelecidas no Quénia (GoK, 2011).

CAPÍTULO 2: REVISÃO DA LITERATURA

2.1 Introdução

Esta secção centra-se nas alterações do uso da terra, nas causas das alterações do uso da terra e no seu efeito sobre os ungulados selvagens, nas políticas e disposições legislativas relativas à conservação e gestão da fauna bravia no Quénia, no quadro teórico e concetual.

2.2 Mudanças no uso da terra e suas implicações para os ungulados selvagens.

As mudanças na utilização da terra são, em grande medida, um reflexo da forma como a sociedade responde às mudanças socioeconómicas e institucionais (Adeniyi, 1980). De acordo com Houghton (1994), a utilização da terra é um processo dinâmico que se altera no espaço e no tempo em função das condições socioeconómicas e biofísicas prevalecentes. A utilização da terra inclui actividades que têm lugar na terra, tais como o cultivo, o pastoreio de animais domésticos e selvagens, a silvicultura, os edifícios e as áreas de conservação. A distribuição dos tipos de uso do solo na paisagem produz padrões de uso do solo. A nível mundial, as preocupações com as alterações no uso do solo surgiram devido à constatação de que os processos da superfície terrestre influenciam o clima e que as alterações nestes processos têm impacto nos bens e serviços dos ecossistemas (Lambin *et al.*, 2003). Os impactos que têm suscitado maior preocupação são os efeitos das alterações da utilização dos solos na diversidade da vida selvagem, na degradação dos solos e na capacidade dos sistemas biológicos para satisfazer as necessidades humanas, vegetais e animais (ibid). Nos trópicos, as mudanças nas práticas de uso da terra estão frequentemente em conflito direto com a conservação da fauna bravia. As mudanças no uso da terra afectam profundamente os componentes dos sistemas naturais e sócio-ecológicos acoplados, tais como a cobertura da terra, os processos do ecossistema e os ungulados selvagens (Turner, 2001).

Uma compreensão clara dos factores que determinam as mudanças no uso da terra exige a integração dos factores económicos, sociais e culturais que actuam na paisagem (Vitousek *et al.* 1997). Entretanto, os factores biofísicos, culturais, comportamentais e políticos e os seus efeitos nas alterações observadas na utilização dos solos não foram, em geral, devidamente considerados nos estudos sobre a utilização dos solos. Por conseguinte, uma abordagem interdisciplinar seria mais adequada para compreender a dinâmica da utilização dos solos (ibid).

2.3 Causas das alterações do uso do solo

A identificação das causas das alterações do uso do solo exige a compreensão do processo de tomada de decisões sobre o uso do solo e da forma como factores ambientais e sociais específicos interagem para influenciar essas decisões (contexto de tomada de decisões) (Lambin *et al.*, 2006). As causas das alterações do uso do solo podem ser divididas em duas categorias: próximas (diretas ou locais) e subjacentes (indirectas ou de raiz). As causas próximas da alteração do uso do solo explicam como e porquê o uso do solo a nível local, como explorações agrícolas individuais, agregados familiares ou comunidades, e os processos dos ecossistemas são alterados diretamente pelos seres humanos (Ojima, Galvin, & Turner, 1994; Lambin *et al.*, 2006). As causas próximas são endógenas aos decisores e estão, portanto, sob controlo local. As causas subjacentes à alteração do uso do solo são as forças fundamentais que alteram uma ou mais causas próximas a nível regional ou global (Lambin *et al.*, 2006). Algumas das forças fundamentais normalmente identificadas são biofísicas, tecnológicas, socioeconómicas, políticas, institucionais, demográficas e culturais (Lambin *et al.*, 2003; Geist *et al.*, 2006). As causas subjacentes são geralmente exógenas (têm origem externa) às comunidades locais que gerem a terra e são, portanto, incontroláveis por essas comunidades (Geist *et al.*, 2006).

A importância relativa de um único fator ou de uma combinação de factores parece variar muito entre os estudos. Por exemplo, as causas podem incluir atributos físicos da paisagem, como a topografia e a disponibilidade de água, alterações no sistema de posse da terra, instituições e serviços sociais, situação socioeconómica dos agregados familiares ou oportunidades económicas atenuadas pelas instituições (Serneels e Lambin, 2001; Lambin *et al.*, 2001). A importância relativa das diferentes causas depende do contexto socio-ecológico e da escala de análise (Gibson *et al.*, 2000, Pan e Bilsborrow, 2005). Embora a importância relativa das diferentes causas seja frequentemente debatida, existe uma concordância generalizada de que as variáveis explicativas de um determinado fenómeno mudam à medida que a escala de análise se altera (Gibson *et al.*, 2000). Contudo, ao mesmo tempo, as causas da alteração do uso do solo podem ser diferentes, mesmo a uma determinada escala de análise. Apesar do facto de a migração poder potencialmente desencadear mudanças na utilização do solo ao aumentar o rendimento das famílias (Stéphenne e Lambin, 2001), é normalmente ignorada nos estudos sobre mudanças na utilização do solo (Lopez *et al.*, 2006). Por exemplo, em algumas zonas rurais, a população diminuiu devido à emigração. Este facto levou a um abandono parcial de terras agrícolas pobres alimentadas pela chuva, resultando assim numa expansão dos matagais, melhorando as condições ambientais globais (Lambin *et al.*, 2006).

Interação das causas da alteração do uso do solo

A alteração do uso do solo é sempre causada por múltiplos factores que interagem entre si. A combinação de causas das alterações do uso do solo varia no tempo e no espaço em função das condições ambientais humanas específicas (Geist *et al.*, 2006). Os factores biofísicos das alterações do uso do solo, como as secas induzidas pela vulnerabilidade climática ou a perda de fertilidade do solo pela erosão, podem ser tão importantes como as causas humanas, que incluem factores socioeconómicos, tecnológicos, culturais, políticos e políticos (Ojima, Galvin, & Turner, 1994; Leemans *et al.*, 2003). Consequentemente, os factores biofísicos, tanto abióticos (clima, terreno) como bióticos (espécies nativas e introduzidas, produtividade primária), tendem a definir a capacidade natural ou as condições predisponentes para a alteração do uso do solo entre localidades e regiões. Os eventos desencadeadores, sejam eles biofísicos (uma seca ou um furacão) ou socioeconómicos (uma guerra ou uma crise económica), também provocam alterações no uso do solo (Geist e Lambin, 2002; Lambin *et al.*, 2003). Por conseguinte, as alterações da utilização dos solos tendem a ser provocadas por uma combinação de factores que actuam gradualmente e de factores que ocorrem de forma intermitente (Lambin *et al.*, 2006).

2.4 Efeitos das alterações do uso do solo nos ungulados selvagens

A alteração do uso do solo altera as interações entre as pessoas e a vida selvagem e impede a livre circulação dos animais selvagens. A alteração do uso do solo é uma das principais forças motrizes da modificação do habitat da vida selvagem e tem implicações importantes na distribuição das espécies de ungulados selvagens e nos sistemas ecológicos fora das áreas protegidas (Duerksen, 2005). A rápida alteração do uso da terra, sem precedentes na história da humanidade, especialmente nos países em desenvolvimento, está a alterar continuamente os ecossistemas, ameaçando assim a sustentabilidade e os sistemas de subsistência (Seno e Shaw, 2002). À medida que a população humana aumenta, a vida selvagem enfrenta uma concorrência generalizada com a humanidade por espaço e recursos e, como resultado, há cada vez mais conflitos entre a necessidade de conservação da vida selvagem e o desenvolvimento económico (Stelfox *et.al.*, 1986). A perda de habitat da vida selvagem é uma das principais causas do declínio do número e da abundância de espécies no Quénia.

Por exemplo, o trabalho realizado no corredor de vida selvagem de Kitendeni, no Monte Kilimanjaro, na Tanzânia, mostra um grande declínio no número e na diversidade de ungulados selvagens devido a um aumento das culturas e das povoações humanas que interferiram com a livre circulação dos animais selvagens (Noe, 2003). No Uganda, a expansão das explorações agrícolas em torno do Lago Mburo e a insurreição armada em Karamojong causaram enormes perdas de grandes ungulados selvagens nas últimas duas décadas (Lampreia e Mitchelmore, 1996). Em Embu e noutras zonas do Quénia, onde as culturas extensivas e as densidades de povoamento humano são elevadas, a vida selvagem desapareceu completamente, com exceção dos animais selvagens nocivos (por exemplo, babuínos-oliva) que se encontram em restos de floresta ao longo de rios e em torno de colinas (Mutugi, 2003). Em geral, a diversidade de ungulados selvagens está em declínio em toda a África Oriental devido às alterações do uso da terra.

2.4.1 Conflito Homem-Fauna Bravia (HWC)

O conflito é uma incompatibilidade de preferências numa situação com vários resultados possíveis diferentes (Kent, 1993). O KWS (1994) define o Conflito Homem-Fauna Bravia como quaisquer desacordos ou contendas relacionadas com a destruição, perda de vida ou propriedade e interferência com os direitos de indivíduos ou grupos que são atribuíveis direta ou indiretamente aos animais selvagens. Na África Oriental, o HWC pode ser dividido em duas grandes categorias: problemas reais entre a fauna bravia e as pessoas; e conflitos interpessoais. O verdadeiro conflito entre o homem e a fauna bravia inclui efeitos de natureza pessoal, tais como ferimentos e morte, bem como perdas económicas e psicológicas que as pessoas sofrem quando os animais selvagens destroem as suas propriedades e causam ferimentos/ou morte a seres humanos. Por outro lado, os conflitos interpessoais incluem disputas relacionadas com a competição e interesses de grupo centrados nos recursos e no poder de controlar os benefícios da fauna bravia (Owiti *et al.*, 2011).

Os conflitos entre o homem e a fauna bravia ocorrem quando as populações humanas se sobrepõem às necessidades da fauna bravia, resultando em custos tanto para os residentes nativos como para os animais selvagens (Distefano, 2004). Os conflitos entre o homem e a fauna bravia aumentaram nos últimos anos devido às mudanças no uso da terra, especialmente a expansão das explorações agrícolas e a intensificação dos pastores nas pastagens, ao controlo inadequado da fauna bravia, aos benefícios inadequados da fauna bravia e ao aumento da população humana (KWS, 1994). Estas mudanças contribuíram imensamente para as dificuldades dos proprietários de terras, que tendem a investir e a perder mais à medida que lutam para lidar com os desafios da fauna bravia nas suas empresas de uso da terra.

2.5 Conservação da vida selvagem no Quénia

Desde tempos imemoriais, algumas comunidades no Quénia têm vivido e utilizado os recursos da fauna bravia sem políticas e legislação formais. Estas comunidades asseguraram a conservação dos recursos de fauna bravia através de práticas tradicionais, crenças culturais e laços sociais. As crenças sagradas centradas em certas espécies de fauna bravia asseguraram que os princípios de conservação se tornassem parte do seu modo de vida. De acordo com Nyeki (1992), a conservação formal começou com um grupo de exploradores em Yellowstone, EUA, em 1890. Em 1892, o governo dos EUA aprovou um projeto de lei que autorizava a criação de certas áreas como áreas de conservação e a palavra "Parque Nacional" passou a ser utilizada oficialmente. Muitos países, entre os quais o Quénia, seguiram o exemplo dos EUA.

A conservação no Quénia remonta a 1898, quando a lei que controla a caça foi promulgada imediatamente após o Quénia se ter tornado um protetorado britânico (Nyeki, 1992). Estas leis regulamentavam a caça, os métodos de caça e o comércio de animais selvagens, sendo algumas espécies ameaçadas de extinção totalmente protegidas. Em 1900, foram promulgados os Regulamentos de Caça da África Oriental. Isto levou à criação do Departamento de Caça do Quénia em 1907 para administrar as reservas de caça, aplicar os regulamentos de caça e proteger as propriedades e culturas das comunidades de agricultores colonos contra a vida selvagem. Em 1945, foi promulgada a Portaria sobre os Parques Nacionais Reais do Quénia, que previa a criação de parques nacionais. Isto levou à criação dos Parques Nacionais de Nairobi (1946) e Tsavo (1948) (Nyeki, 1992; Matiko, 2000). A portaria foi posteriormente alterada para a Lei do Parque Nacional do Quénia. Esta lei levou à criação de 56 áreas protegidas (26 Parques Nacionais e 30 Reservas) (KWS, 1994). A lei criou duas instituições para administrar as políticas relativas à vida selvagem, nomeadamente a organização do Parque Nacional do Quénia e o Departamento de Caça. A organização do Parque Nacional do Quénia foi encarregada da proteção e administração dos Parques Nacionais e das Reservas Nacionais. O Departamento de Caça, por outro lado, administrava e controlava todos os animais selvagens fora da autoridade dos parques nacionais, incluindo os que se encontravam em terrenos privados.

A primeira política relativa à vida selvagem no Quénia foi o "*Sessional Paper No. 3 de 1975, intitulado "A*

Statement on Future Wildlife Management Policy in Kenya". Esta política constituiu um afastamento radical da abordagem anterior à conservação da vida selvagem, que se centrava nas áreas protegidas. Esta é a política que rege a conservação e a gestão da vida selvagem no Quénia desde a década de 1970. Em 1976, a Lei da Vida Selvagem (Conservação e Gestão) foi promulgada para dar efeito à Política (GoK, 2011). Esta lei amalgamou o então Departamento de Caça e os Parques Nacionais do Quénia para formar uma única agência, o Departamento de Conservação e Gestão da Vida Selvagem (WCMD), para gerir a vida selvagem. Em 1989, a Lei da Vida Selvagem (Conservação e Gestão) foi alterada (Lei da Conservação e Gestão (Alteração) n.º 16 de 1989) para criar o Serviço da Vida Selvagem do Quénia (KWS) como um serviço uniformizado e disciplinado para substituir o WCMD que se tinha revelado infecioso e ineficaz. O Serviço iniciou as suas actividades como empresa pública para-estatal em 15/01/1990 (KWS, 1990). O KWS gere cerca de 8 % (44 000 km^2) da massa terrestre total do Quénia, constituindo 23 parques nacionais terrestres 5,2% (30 348,29 km^2), 31 reservas nacionais terrestres 2,8% (16 478.40 km^2), 6 santuários nacionais 0,01% (71,34 km^2), 4 parques nacionais marinhos 0,01% (70,09 km^2) e 6 reservas nacionais marinhas 0,12% (706 km^2), que representam entre 25-35% do total das populações de animais selvagens. O KWS é também responsável por 154 estações de campo para a gestão de 65-75% da vida selvagem, que se encontra fora das áreas protegidas.

Para além das áreas geridas pelo KWS, o Quénia tem outras áreas de conservação (terras comunitárias, áreas de conservação comunitárias, santuários, ranchos privados, áreas de conservação privadas e explorações de caça) que são geridas pelos governos dos condados, comunidades locais, fundos fiduciários e empresas privadas e indivíduos.

A constatação de que 65-75% da fauna bravia do Quénia pode ser encontrada fora das áreas protegidas em qualquer momento (Western, 1994) e, por conseguinte, as limitações óbvias da abordagem das áreas protegidas à conservação (Inamdar et al., 1999), levou o KWS a criar o serviço comunitário de fauna bravia em 1992. O serviço comunitário de fauna bravia adoptou o conceito de *Parques para além dos Parques* como iniciativas de conservação baseadas na comunidade em 1996 (Southgate e Hulme, 1996). A conservação baseada na comunidade tinha como objetivo envolver as comunidades rurais, particularmente as que partilham habitats com a fauna bravia, como parte integrante da sua política de conservação da fauna bravia. A conservação baseada na comunidade tem três objectivos: a conservação da biodiversidade, a utilização sustentável dos recursos naturais e a partilha equitativa dos benefícios resultantes das actividades relacionadas com a conservação (Hackel, 1998). Esta abordagem levou à criação do Santuário Comunitário de Vida Selvagem de Kimana em 1996, o primeiro santuário comunitário de vida selvagem a ser criado no Quénia (KWS, 1996). No entanto, o santuário comunitário de vida selvagem de Kimana já se desmoronou devido à luta pelo poder entre os membros da comunidade e à corrupção maciça.

A Lei de Conservação e Gestão da Vida Selvagem (Wildlife Conservation and Management Act), capítulo 376, foi revogada e substituída pela Lei de Conservação e Gestão da Vida Selvagem de 2013. A Lei harmonizou a política e a lei da fauna bravia com a constituição queniana de 2010. Para além disso, baseou-se fortemente noutros sectores, incluindo a lei ambiental, a Visão 2030 do Quénia e as convenções e tratados internacionais e regionais relevantes relacionados com a fauna bravia. A implementação da lei é orientada pelos princípios de devolução da conservação e gestão da fauna bravia aos proprietários e gestores de terras em áreas onde a fauna bravia ocorre, o reconhecimento da conservação da fauna bravia como uma forma de uso da terra, melhor acesso aos benefícios da conservação da fauna bravia e adesão aos princípios de utilização sustentável. Esta lei tem uma revisão dos valores de indemnização da fauna bravia da seguinte forma: mortes humanas a 5 milhões de Kshs a partir de 30.000 Kshs; incapacidade permanente humana a 3 milhões de Kshs e outros ferimentos um máximo de 2 milhões de Kshs dependendo da extensão do ferimento (GoK, 2013; King, 2014).

2.6 Quadro teórico e concetual

2.6.1 Abordagem ecossistémica

A abordagem ecossistémica é um método para sustentar ou restaurar os sistemas naturais e as suas funções e valores (Maltby, 1999). A abordagem ecosistémica baseia-se na aplicação de metodologias científicas adequadas centradas nos níveis de organização biológica que englobam os processos e interações essenciais entre as organizações e o seu ambiente (PNUA, 1998). É aplicada num quadro geográfico definido principalmente por fronteiras ecológicas. A abordagem ecossistémica reconhece que os seres humanos são uma componente integral dos ecossistemas e coloca as suas necessidades no centro da gestão da biodiversidade. O seu objetivo é gerir o ecossistema com base nas múltiplas funções que os ecossistemas desempenham e nas múltiplas utilizações que são feitas dessas funções. A abordagem ecossistémica não visa ganhos económicos a curto prazo. O seu objetivo é otimizar a utilização de um ecossistema sem o danificar (Maltby, 1999).

A abordagem ecosistémica requer uma gestão adaptativa para lidar com a natureza complexa e dinâmica dos ecosistemas e a ausência de conhecimento ou compreensão completa do seu funcionamento. Ela não exclui outras abordagens de gestão e conservação, tais como os sítios Ramsar, áreas protegidas, conservancies, ranchos de grupo e programas de conservação de uma só espécie, assim como outras abordagens levadas a cabo ao abrigo das políticas nacionais e quadros legislativos existentes. Em vez disso, poderia integrar todas estas abordagens e outras metodologias para lidar com situações complexas. Não existe uma forma única de implementar a abordagem ecossistémica, pois depende das condições locais, nacionais, regionais ou globais. De facto, há muitas vantagens em usar a abordagem ecosistémica, o que a torna apropriada para ser usada como quadro para lidar com situações complexas no ecossistema da zona húmida de Kimana.

2.6.2 Teoria da biogeografia insular

MacAuthor e Wilson (1967) desenvolveram a teoria da biogeografia insular. A teoria propõe que o número de espécies existentes numa ilha não perturbada é determinado pela imigração e extinção. De acordo com a teoria, a imigração e a emigração são afectadas pela distância de uma ilha em relação a uma fonte de colonos. Normalmente, esta fonte é o continente, mas também pode ser outras ilhas. As ilhas mais isoladas têm menos probabilidades de receber imigrantes do que as ilhas menos isoladas. A taxa de extinção quando uma espécie consegue colonizar uma ilha é afetada pela dimensão da ilha. As ilhas maiores contêm áreas de habitat maiores e oportunidades para mais variedades diferentes de habitat. A maior dimensão do habitat reduz a probabilidade de extinção local de espécies devido a acontecimentos fortuitos. A heterogeneidade do habitat aumenta o número de espécies que serão bem sucedidas após a imigração.

A teoria da biogeografia insular levou à valorização dos corredores de habitat e das áreas de dispersão como instrumento de conservação para aumentar a conetividade entre ilhas de habitat. Os corredores de habitat e as áreas de dispersão também aumentam o movimento de espécies entre parques, reservas e outros ecossistemas. Isto pode, por conseguinte, aumentar o fluxo genético e o número de espécies que um determinado habitat pode suportar.

A fragmentação do habitat da vida selvagem reduz a dimensão, a qualidade e a conetividade do habitat (Newmark, 1996). De facto, as populações de vida selvagem em habitats pequenos são menos abundantes e menos diversificadas em comparação com as populações em habitats grandes. O isolamento reduz o tamanho efetivo de uma área, limitando o movimento das espécies e provocando o relaxamento da fauna, um argumento também apoiado por Newmark (1996). Neste estudo, cada um dos habitats de zonas húmidas do ecossistema de Kimana é visto como uma ilha rodeada de actividades humanas. À medida que as actividades humanas se intensificam, o ecossistema torna-se cada vez mais fragmentado, conduzindo assim ao isolamento das zonas protegidas. Isto conduzirá ao bloqueio dos corredores de vida selvagem e, por conseguinte, à redução da conetividade da vida selvagem no ecossistema. As consequências desta situação são a deriva genética e a consanguinidade, que podem conduzir à instabilidade das populações, à perda de integridade ecológica e, eventualmente, à extinção local de espécies.

2.6.3 Quadro concetual

A rápida perda do habitat da fauna bravia e da biodiversidade em torno do ecossistema das zonas húmidas de Kimana está a ocorrer a nível local devido a factores socioeconómicos, tais como mudanças nas políticas de uso da terra, respostas políticas, factores económicos e culturais e mudanças demográficas na área. Estes factores socioeconómicos surgem a nível nacional e influenciam as decisões tomadas a nível local sobre os padrões de uso da terra, levando assim a mudanças no uso da terra nas áreas. Além disso, os factores económicos, como os benefícios financeiros, a disponibilidade de mercado e o desenvolvimento de infra-estruturas, influenciam a utilização dos solos, conduzindo assim a alterações na utilização dos solos.

As alterações demográficas, como o aumento da população humana a nível local, conduzem a um aumento da procura de mais terras para a agricultura, a fixação de pessoas e o desenvolvimento de infra-estruturas. A alteração humana do habitat das zonas húmidas e da vida selvagem para qualquer outro uso resulta normalmente em perdas de habitat e de vida selvagem. As mudanças no uso da terra na área estão associadas à invasão do habitat da vida selvagem, à expansão dos campos agrícolas irrigados, à colonização humana, às áreas urbanas e ao desenvolvimento de infra-estruturas, com efeitos que se repercutem no número de animais selvagens, na qualidade e quantidade do habitat. A natureza, extensão e tipo de uso da terra afectam diretamente as zonas húmidas e o habitat da vida selvagem, afectando assim os ungulados selvagens locais. O foco deste estudo são as mudanças no uso da terra e os seus impactos nos ungulados selvagens. O quadro foi concebido para tentar explicar as possíveis causas das mudanças no uso da terra e os seus efeitos nos ungulados selvagens (Figura 2.1).

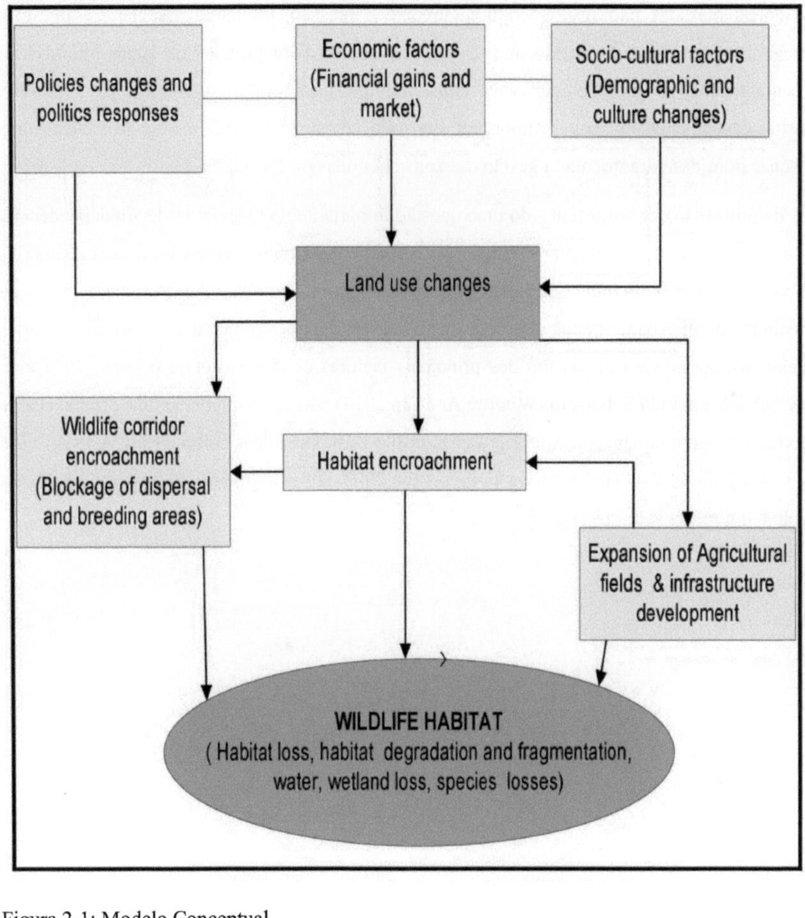

Figura 2-1: Modelo Conceptual

Fonte: Autor, (2013)

2.7 Lacunas da literatura existente

Uma compreensão clara dos factores que determinam as mudanças na utilização dos solos exige a integração dos factores económicos, sociais e culturais que actuam na paisagem. Entretanto, os factores biofísicos, culturais, comportamentais e políticos e os seus efeitos nas alterações observadas na utilização dos solos não foram, em geral, devidamente considerados nos estudos sobre a utilização dos solos. Por conseguinte, uma abordagem interdisciplinar seria mais adequada para compreender a dinâmica da utilização dos solos. Apesar do facto de a migração poder potencialmente desencadear mudanças no uso da terra através do aumento do rendimento do agregado familiar, é geralmente negligenciada nos estudos sobre mudanças no uso da terra. As zonas húmidas no Quénia têm sido vistas como terrenos baldios e não como um tipo de utilização viável da terra. As medidas de gestão que foram postas em prática para proteger as zonas húmidas não responderam totalmente à pressão ambiental associada a questões antropogénicas. As estratégias de gestão que têm sido utilizadas para proteger as zonas húmidas no Quénia, no entanto, têm-se centrado apenas nas zonas húmidas como um ecossistema e não como um subsistema que desempenha um papel importante em todo um sistema. Atualmente, não existe uma política de zonas húmidas para orientar a gestão das zonas húmidas no Quénia.

Os conflitos de utilização dos solos têm sido uma questão importante no Quénia desde a independência. Apesar disso, não foi adoptada qualquer política nacional de ordenamento do território para atenuar os conflitos. A vida selvagem gera muitos benefícios através do turismo baseado na vida selvagem, mas não foi criada nenhuma política para orientar a forma como os benefícios devem ser partilhados entre as várias partes interessadas, apesar de este ser um dos principais factores de conflito entre o homem e a vida selvagem. A Lei sobre a Vida Selvagem (Wildlife Act Cap 2013) não aplica plenamente a conservação e a gestão da vida selvagem no Quénia. A lei entra em conflito com outras leis, como a EMCA 1999, a Lei das Pescas 378, a Lei das Florestas 2005 e a Lei da Água 2002, sobre a gestão e conservação da fauna bravia, devido a interesses sectoriais egocêntricos.

CAPÍTULO 3: ÁREA DE ESTUDO

3.1 Introdução

Este capítulo apresenta uma breve descrição da área de estudo, principalmente a sua localização e configuração fisiográfica, clima e biodiversidade.

3.2 Localização e dimensão

O ecossistema das zonas húmidas de Kimana (KWE), com uma área total de 3 348,66 km^2 , está situado no condado de Kajiado, no distrito de Loitokitok. Faz fronteira com a Tanzânia e com o condado de Taita-Taveta a sul, com o condado de Narok a oeste, com os condados de Makueni e Machakos a leste e com o condado de Nairobi a norte. Situa-se entre as longitudes 36° 5' e 37° 5' Este e as latitudes 1° 0' e 3° 0' Sul. A KWE inclui a divisão de Kimana (358,8 km^2), a divisão de Entonet (1 349,3 km^2), a localidade de Imbirikani (339,8 km^2), a divisão central (1 280,3 km^2), o parque nacional de Amboseli (392 km^2) e os sistemas fluviais de Kimana- Kikarankot e Namelok (Figura 3.1). A KWE, que é uma zona rica em vida selvagem, é constituída pelo Parque Nacional de Amboseli e por nove ranchos de grupo, cada um com uma área de conservação ou um santuário de vida selvagem. Faz fronteira com os Parques Nacionais de Chyulu e Tsavo West a leste. É uma área crítica de dispersão da vida selvagem para o grande ecossistema Tsavo - Amboseli.

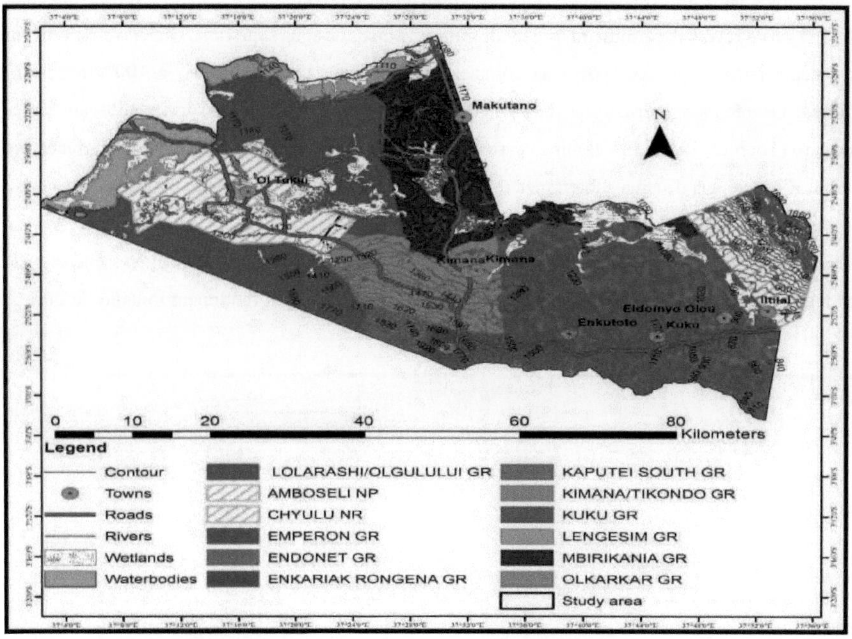

Figura 3-1: Ecossistema do pântano de Kimana

Fonte:Autor,(2013)

3.3 Clima

O clima do ecossistema das zonas húmidas de Kimana é geralmente árido a semi-árido. A área regista um padrão de precipitação bimodal (Ntiati, 2002). As chuvas longas ocorrem de março a princípios de junho e as chuvas curtas ocorrem em outubro e novembro. A quantidade de precipitação recebida é influenciada pela proximidade da área ao Monte Kilimanjaro, que projecta uma sombra de chuva sobre a área. A área recebe uma precipitação anual de cerca de 350-500 mm, com 35% recebidos durante as chuvas curtas e 65% nas chuvas longas (LDDP, 2008). A temperatura na área de estudo varia com a altitude. Temperaturas tão baixas como 10 ° C são registadas nas encostas orientais do Monte Kilimanjaro, enquanto um máximo médio de cerca de 30 ° C é registado em torno do lago Amboseli. O período mais fresco é entre julho e agosto, enquanto os meses mais quentes são de novembro a abril em toda a área de estudo.

3.4 Hidrologia

O ecossistema das zonas húmidas de Kimana tem uma série de pântanos permanentes, tais como Oltukai, Enkongo Narok, Amboseli, Kimana e Nol-turesh (Placa 3.1). Os pântanos têm possíveis ligações hidrológicas com o Monte Kilimanjaro. Vários pequenos rios perenes que nascem das encostas do sopé do Monte Kilimanjaro, alimentados pela neve derretida, juntam-se para formar o rio Loolturesh que drena para a parte sul da KWE. A cordilheira de Chyulu não tem cursos de água superficiais devido aos materiais extremamente porosos que compõem as colinas, que permitem uma infiltração a 100% nos solos esponjosos. Os recursos hídricos na área estão, de uma forma ou de outra, associados ao Monte Kilimanjaro (Toubler, 1983). Em algumas partes da área de estudo, as reservas de água subterrânea são utilizadas. A ocorrência de água subterrânea depende do clima e do tipo de rochas originais subjacentes. As produções de água subterrânea variam na área de estudo entre 0,01 e 35,77m^3 / hora. A água subterrânea é utilizada para fins domésticos, de vida selvagem, pecuária e irrigação. Nas encostas do Monte Kilimanjaro encontram-se nascentes de alto rendimento com um rendimento médio de 20m^3 a 50m^3/hora (LDDP, 2008).

Placa 3-1: Pântano de Oltukai no Parque Nacional de Amboseli e uma secção do rio Kimana

Fonte: Inquérito de campo, (2013)

3.5 Geologia e solos

A zona de estudo é constituída por três regiões geológicas: solos vulcânicos quaternários, solos do Pleistoceno e solos de rochas basais. O solo vulcânico quaternário encontra-se no fundo do Vale do Rift em torno da área de Entonet. As rochas do sistema basal, constituídas por gneisses, xistos, quartzitos e calcários cristalinos, encontram-se principalmente ao longo dos vales dos rios e em algumas partes do ecossistema. Os solos pleistocénicos encontram-se no sistema de lagos de drenagem interior em redor do Lago Amboseli.

Os solos desta região são vulcânicos e, em geral, de natureza altamente salina e alcalina. Não estão bem desenvolvidos, pelo que são pouco profundos e geralmente improdutivos. Os solos perto de fontes de água são muito produtivos (Katampoi *et al.*, 1990; Okello, 2009). Ao longo dos vales dos rios, pântanos e leitos dos rios existem solos aluviais, que são muito férteis. Apenas os pântanos e as zonas ribeirinhas são adequados para a agricultura, enquanto toda a área é adequada para a vida selvagem e a pastorícia (Okello, 2009).

3.6 Caraterísticas topográficas

As planícies de Amboseli: As planícies são caracterizadas por encostas planas a suavemente onduladas e ondulantes com solos argilosos castanhos avermelhados profundos e planícies sedimentares planas com solos de algodão mal drenados. A área em redor do Lago Amboseli situa-se nesta bacia. A altitude varia entre 850 m e 1340 m acima do nível do mar.

3.7 Flora e Fauna

A vegetação é dominada por gramíneas, arbustos e espécies de Acacia que estão adaptadas a longos períodos de seca. A pastagem de Kimana consiste numa variedade de habitats, incluindo arbustos densos e abertos, arbustos e bosques. A vegetação dominante no habitat ribeirinho é *Cyperus papyrus* e *Acacia xanthophloea*, mas *Acacia tortillis, Commiphora africanus, Balanites aegyptiaca, Acacia drepanolobium, Acacia sayel, Acacia mellifera* e *Combretum paniculanum*, a maioria das quais tem espinhos e ocorre em zonas mais secas (Okello, 2009). As espécies de gramíneas perenes dominantes na zona são *Cenchrus ciliaris, Pennisetum stramineum, Themeda triandra* e *Chloris roxburghiana* (Campbell *et al.*, 2003 e Okello, 2009). As espécies de árvores encontradas nas plantações são exóticas, como o eucalipto, o cipreste, o pinheiro e *a Grevellia robusta.* O tipo de vegetação na área de estudo é determinado pela altitude, tipo de solo e precipitação recebida nas diferentes partes da área de estudo. O coberto vegetal varia de menos de 1% em áreas densamente povoadas a cerca de 30% em colinas íngremes (LDDP, 2008). Exemplos de diferentes tipos de vegetação encontrados na KWE (Placa 3.2)

Placa 3-2: Exemplos de diferentes tipos de vegetação encontrados no ecossistema da zona húmida de Kimana.

Fonte: Inquérito de campo, (2013)

O ecossistema das zonas húmidas de Kimana tem uma grande diversidade de ungulados selvagens de África e de grandes felinos. Os ungulados encontrados no ecossistema incluem o elefante africano *(Loxodonta africana)*, o búfalo africano *(Syncerus caffer caffer)*, a coruja comum *(Tragelaphus oryx)*, a girafa de Maasai *(Giraffa camelopardali tippelskirchi*), Zebra das planícies *(Equus burchelli),* Duiker comum (*Sylvicapra grimmia*), Impala *(Aepyceros melampus),* Gazela de Thomson *(Gazella thomsonii),* Gazela de Grant (*Gazella granti*) Waterbuck *(Kobus ellipsiprymnus)* e Dik-dik de Kirk *(Madoqua kirkii*)). Entre os grandes felinos presentes na KWE contam-se os leões (*Panthera leo*), as hienas-pintadas *(Crocuta crocuta)*, os leopardos (*Panthera pardus*) e as chitas (*Acinonyx jubatus*) (apêndice I).

O ecossistema também suporta uma grande população de pequenos mamíferos, répteis e anfíbios. A zona húmida tem uma rica avifauna, com mais de 400 espécies registadas, das quais 40 são aves de rapina (Okello, 2009). Tem espécies de aves globalmente ameaçadas, como o *peneireiro-das-torres*, aves de distribuição restrita, encontradas apenas numa área muito pequena, como o tecelão-dourado-de-taveta, espécies de aves que vivem apenas num determinado tipo de vegetação, como o tecelão-bico-grosso, e espécies de aves regionalmente ameaçadas, como a águia-marinha. Em outubro-dezembro, quando as chuvas começam ou se aproximam, as aves migratórias, como as cegonhas europeias do hemisfério norte, juntam-se às aves locais, por vezes em grande número.

3.8 A natureza das zonas húmidas de Kimana

As zonas húmidas são um dos bens ambientais mais importantes do mundo, contendo um número desproporcionalmente elevado de espécies vegetais e animais em comparação com outras áreas do mundo (Ramsar, 1991). São definidas como "áreas de terra que estão permanentemente, sazonalmente ou ocasionalmente inundadas com água doce, salgada, salobra ou marinha a uma profundidade não superior a seis metros, incluindo áreas naturais e artificiais que suportam biota caraterística" (Kiai e Mailu, 1998). A área de captação da zona húmida de Kimana emerge de uma série de nascentes de montanha e é essencial para a vida nesta zona geralmente árida a semi-árida. Embora seja uma das pequenas zonas húmidas do Quénia, fornece água às principais cidades quenianas, como Nairobi, Machakos, Kitengela e Athi-river. É uma fonte de subsistência para milhares de pessoas, incluindo três comunidades pastoris maioritariamente Maasai que necessitam de água e de pasto para o seu gado e pequenos agricultores que utilizam a água das zonas húmidas para irrigação. A zona é uma importante área de dispersão da vida selvagem e de reprodução de ungulados selvagens que liga Amboseli e Tsavo West NP.

3.9 Liquidação

O ecossistema das zonas húmidas de Kimana é habitado principalmente por Maasai, que são pastores semi-nómadas, sendo as terras propriedade da comunidade. Este estilo de vida sofreu, no entanto, alterações devido à adjudicação e subdivisão de terras em curso, que conduziu a um sistema de posse de terras privadas. Este facto aumentou a taxa de venda de terras e criou oportunidades de emigração, especialmente nas zonas de potencial agrícola relativamente elevado, como as divisões de Kimana, Entonet e Kuku. As comunidades emigrantes são agricultores e provêm de Makueni, Machakos, Kiambu e Nakuru. A fixação nas zonas é determinada pela disponibilidade de água e, como tal, as povoações concentram-se ao longo das fontes de água. As condições climatéricas secas em Imbirikani contribuíram para que a área fosse escassamente povoada. As zonas com elevada população humana são as cidades de Loitokitok, Isinet e Kimana.

3.10 Caraterísticas demográficas e perfil da população humana

A tribo dominante no ecossistema das zonas húmidas de Kimana é a Maasai. O distrito de Loitoktok tem uma taxa de crescimento anual da população humana estimada em 4,67, de acordo com o censo de 2009, o que representa um aumento de cerca de 0,16% em relação ao censo anterior de 1999, que foi de 4,51%. Em 1989, a taxa de crescimento da população foi de 6,3%, enquanto em 1979 foi de 6,0%. De acordo com o relatório do recenseamento da população humana de 2009, a KWE tinha uma população humana total de 84 297 pessoas, 18 486 agregados familiares e uma densidade populacional humana de 25,2 pessoas/km^2 . A divisão de Kimana registou a maior densidade populacional de 57 pessoas/km^2 e Entonet registou a menor densidade populacional de 13 pessoas/km^2 (Tabela 3.1). A divisão de Kimana está a registar um elevado crescimento da população humana devido ao seu elevado potencial agrícola, ao mercado pronto para os produtos hortícolas e à disponibilidade de terras e de fontes naturais de água.

Tabela 3.1: Censos de Distribuição da População Humana de 2009 para a KWE

DIVISÃO	LOCALIZAÇÃO	TAMANHO EM KMs	NÚMERO DE AGREGADOS FAMILIARES	MACHO	FEMININO	TOTAL	DENSIDADE/ KM²
ENTONET		1,349.3	3,567	8,995	9,104	18,099	13
	ENTONET	37.2	721	1,663	1,872	3,535	95
	AMBOSELI	1,243.5	1250	3,647	3,333	6,980	6
	OLCHORO	68.6	1596	3,685	3,899	7,584	111
IMBIRIKANI	IMBIRIKANI	339.8	1914	4,411	4,291	8,702	26
KIMANA		358.8	4,574	10,373	9,976	20,349	57
	KIMANA	230.7	3650	7,925	7,775	15,700	68
	INKARIAK RONKENA	128.1	924	2,448	2,201	4,649	36
CENTRAL		1,280.3	8,431	18,760	18,387	37,147	29
	KUKU	353.7	1615	4,185	3,959	8,144	23
	LOOLOPON	74.5	4681	9,228	9,163	18,391	247
	OLORIKA	852.1	2135	5,347	5,265	10,612	12
TOTAL		3,348.2	18,486	42,539	41,758	84,297	25.2

Fonte: DDP de Loitokitok, (2008-2012)

3.11 Actividades económicas no ecossistema das zonas húmidas de Kimana

3.11.1 Conservação da vida selvagem

O ecossistema das zonas húmidas de Kimana, que faz parte do ecossistema de Amboseli (AE), é um dos principais blocos de conservação da vida selvagem no Quénia. Inclui o mundialmente famoso Parque Nacional de Amboseli e mais de nove ranchos colectivos da comunidade Maasai. Os ranchos do grupo que se encontram na área incluem Lolarashi/Olgulului, Kimana, Mbirikani, Kuku A e B, Entonet, Enkariak

Rongena, Longesim e Emperon (Figura 3.1; secção 3.2). Os ranchos do grupo actuam como áreas de residência, dispersão e reprodução para a vida selvagem dos Parques Nacionais de Amboseli, Tsavo West e Chyulu. Cada rancho do grupo criou santuários de vida selvagem de propriedade comunitária e privada para explorar a lucrativa indústria do turismo baseado na vida selvagem, trazendo assim os benefícios do turismo baseado na vida selvagem diretamente para as pessoas. Todos os ranchos colectivos do ecossistema têm um ou mais empreendimentos de ecoturismo. Os proprietários individuais e os grupos de proprietários organizados na zona começaram a fundir as suas terras para formar santuários/conservatórios privados de vida selvagem ou estabelecer instalações turísticas (como parques de campismo, parques de campismo com tendas ou pousadas ecológicas). O turismo baseado na vida selvagem é atualmente uma das fontes de subsistência das populações locais que vivem no ecossistema. A vida selvagem no ecossistema é gerida pelo KWS em conjunto com as comunidades locais. As comunidades locais foram autorizadas a estabelecer e gerir os seus próprios santuários de vida selvagem e áreas de conservação. Os membros do rancho do grupo Kimana foram das primeiras comunidades no Quénia a criar uma área de conservação da vida selvagem com base na comunidade, em 1996, embora durante o período de estudo esta tenha entrado em colapso devido a má gestão, luta pelo poder, política e corrupção maciça.

3.11.2 Criação de gado

A criação de gado não é apenas uma prática cultural dos Maasai, mas também a sua fonte de subsistência. No distrito, a criação de gado é a principal atividade económica que sustenta 70% da população. O distrito tem vários tipos de raças de gado (tais como gado indígena e exótico, aves de capoeira, cabras, ovelhas, camelos, burros e colmeias). Os projectos e programas de pecuária como o ALLPRO e o DASS ajudaram e educaram os agricultores na melhoria da produção de gado. No entanto, a produtividade continua a enfrentar os desafios da seca prolongada, das pragas e doenças, do sobrepastoreio, do analfabetismo, das infra-estruturas deficientes e das mudanças na utilização dos solos. A competição por alimentos e água entre o gado e os ungulados selvagens é também um desafio na área

3.11.3 Agricultura

O distrito é geralmente árido a semi-árido e regista um padrão de precipitação bimodal. A agricultura de sequeiro e a agricultura de regadio são as principais formas de agricultura praticadas no ecossistema das zonas húmidas de Kimana. A agricultura de sequeiro é praticada principalmente durante as curtas estações de chuva. Normalmente, as variedades de culturas de maturação precoce e tolerantes à seca, como o milho, o feijão, a sorgo, o painço e a batata-doce, são cultivadas no âmbito da agricultura de sequeiro. A agricultura de regadio é praticada principalmente ao longo de rios, pântanos e zonas húmidas, sobretudo nas áreas de Kimana, Kuku, Enkariak Rongena e Entonet. As principais culturas cultivadas sob irrigação são as hortícolas, como a cebola, as couves, os repolhos e a malagueta, entre outras (Anexo II). A construção de cercas eléctricas para proteger as culturas dos danos causados pela vida selvagem e a introdução da irrigação ao longo dos rios e nos pântanos estimularam a produtividade agrícola (Okello & D'Amour, 2008).

3.12 Educação

No domínio da educação, o distrito tem 13 escolas secundárias públicas e 6 privadas, 76 escolas primárias públicas e 22 privadas e 2 instituições terciárias. As escolas primárias têm 36.524 alunos, enquanto 4.170

alunos estão matriculados no nível secundário. O rácio professor/aluno no nível primário, no início de janeiro de 2013, era de 1:59 e de 1:17 no nível secundário. O nível secundário caracteriza-se por uma elevada taxa de abandono escolar para as raparigas, 12%, em comparação com 8% para os rapazes (DDP, 2008). Este facto é atribuído a práticas culturais.

CAPÍTULO 4: METODOLOGIA DE INVESTIGAÇÃO

4.1 Introdução

Este capítulo descreve a natureza e as fontes de dados, os métodos de recolha de dados, os procedimentos de amostragem, as dimensões das amostras e as técnicas de análise de dados que foram utilizadas no estudo. Os dados sobre a alteração do uso do solo foram recolhidos através da aquisição, interpretação e análise de imagens de satélite utilizando os programas ARCMAP e EDRAS. Os dados socioeconómicos foram recolhidos através de questionários e entrevistas semi-estruturadas e analisados com recurso ao SPSS. Os números relativos a seres humanos, gado e ungulados selvagens foram obtidos a partir do plano de desenvolvimento do distrito de Loitoktok, KBS, ILRI, DRSRS e KWS e analisados com recurso ao software SPSS.

4.2 Natureza e fontes de dados

Os dados primários recolhidos incluíram imagens de satélite TM landsat de 1980, 1990, 2000, 2010 e 2013, tipos actuais de uso da terra, mudanças notáveis no uso da terra ao longo do tempo, sistema de posse da terra, tempo de permanência dos inquiridos, distância da terra do inquirido em relação às áreas protegidas, formas e causas de conflitos entre humanos e animais selvagens, atitudes dos habitantes locais em relação à fauna bravia, benefícios que os habitantes locais obtêm da fauna bravia. Foram também recolhidos dados socioeconómicos, incluindo dados sobre o tamanho do agregado familiar, nível de educação, tamanho da terra individual, fontes de subsistência e actividades humanas. Os dados secundários recolhidos incluíram o mapa topográfico do ecossistema das zonas húmidas de Kimana, tipos de uso da terra, causas da mudança do uso da terra, efeitos da mudança do uso da terra sobre os ungulados selvagens, números do censo da população humana, dados do censo da população de ungulados selvagens, padrões de povoamento humano e tendência da população de gado.

4.2.1 Fontes primárias de dados

Os dados primários sobre a alteração do uso do solo foram recolhidos através da aquisição e interpretação de imagens de satélite Landsat, que foram adquiridas na DRSRS-Nairobi e em www.landcover.org. As imagens Landsat TM foram adquiridas a partir da trajetória/linha 168/062 e 167/062. Os dados socioeconómicos foram recolhidos junto dos agregados familiares das pessoas que vivem no ecossistema das zonas húmidas de Kimana e dos ministérios/departamentos governamentais relevantes, tais como os ministérios da pecuária, da agricultura, do turismo, da silvicultura e da vida selvagem, do Planeamento e da Terra. A informação foi também procurada junto de instituições governamentais como o KBS, KWS, ILRI, DRSRS e ONGs relevantes (atualmente referidas como Organizações de Benefício Público), CBOs e ranchos de grupo.

4.2. 2 Fontes secundárias de dados

Os dados secundários foram obtidos a partir de trabalhos de investigação publicados e não publicados de académicos e investigadores acreditados sobre as alterações da utilização dos solos e os seus impactos nos ungulados selvagens. Foram revistas as informações contidas em livros com temas relevantes, artigos publicados, incluindo jornais, revistas, dissertações em áreas relacionadas e informações espaciais existentes, como mapas, incluindo mapas de utilização dos solos, mapas topográficos e imagens de satélite. Foram também adquiridos dados secundários das bases de dados do KWS, DRSRS, KBS e ILRI.

4.3 Métodos de recolha de dados

Os métodos utilizados na recolha de dados incluem a observação direta, a fotografia e as entrevistas.

4.3.1 Observação direta

A observação direta foi utilizada na recolha de dados sobre a identificação de espécies de ungulados selvagens, tipos actuais de uso da terra, degradação da terra e invasão de zonas húmidas. Isto englobou uma caminhada de transecto de linha, correndo diagonalmente da sub-localidade de Kimana para Isenet através do KCWS cobrindo uma distância de 60 km. Foi efectuada com a ajuda de batedores de caça comunitários que patrulham as margens dos corredores de vida selvagem onde se concentram as explorações agrícolas irrigadas. Todas as espécies de ungulados selvagens encontradas a uma distância de 1 km em ambos os lados da linha de caminhada do transecto foram identificadas e as espécies individuais contadas. Isto teve lugar durante o mês de abril (início das chuvas prolongadas) de 2013. Durante o mês de abril, os ungulados selvagens concentram-se principalmente em locais pantanosos devido à disponibilidade de água e pasto

4.3.2 Fotografia

Isto envolveu a captura de dados de imagem utilizando uma câmara digital. Ajudou a classificar os usos do solo nas áreas como uma prova dos usos reais do solo que ocorrem na área de estudo.

4.3.3 Entrevistas

Os dados socioeconómicos dos agregados familiares e das instituições foram recolhidos com recurso a questionários semiestruturados e a entrevistas, respetivamente.

4.4 Procedimento de amostragem

O processo de amostragem foi dividido em dois: o processo de amostragem dos padrões de utilização do solo, que envolveu a amostragem de imagens de satélite, e o processo de amostragem da recolha de dados socioeconómicos, que envolveu o estabelecimento de uma amostragem real de unidades.

4.4.1 Padrões de utilização do solo Procedimento de amostragem

Foram utilizadas imagens de satélite TM Landsat de 1980, 1990, 2000, 2010 e 2013 para a deteção de alterações nas tendências de utilização do solo entre 1980 e 2013. Para melhorar a deteção de alterações, foram realizadas visitas ao terreno para efetuar verificações no terreno. As verificações no terreno envolveram a seleção aleatória de locais a partir do mapa de base da utilização do solo mais recente e a visita a cada local para verificar se o tipo de utilização do solo no terreno real correspondia ao indicado no mapa. O mapeamento do uso do solo e a deteção de alterações nas áreas de estudo envolveram uma série de etapas, conforme descrito abaixo:

4.4.1.1 Aquisição de dados

Foram adquiridos cinco conjuntos de imagens, cada um representando um período temporal de 33 anos, de 1980 a 2013. As imagens adquiridas foram utilizadas para delinear tanto as associações de uso do solo como as mudanças nos tipos de uso do solo ao longo do tempo e do espaço.

4.4.1.2 Geo-referenciação

A imagem de satélite TM landsat de 1980 foi geo-referenciada em relação a um mapa topográfico à escala de 1/50.000, utilizando uma série de pontos de controlo no solo, que foram obtidos após uma visita à área de estudo. A projeção foi a Universal Transversa de Mercator (UTM) com o Arc 1960 como datum. O registo imagem a imagem foi então efectuado através da georreferenciação de imagens de satélite de 1990, 2000, 2010 e 2013 do TM Landsat contra as imagens de satélite TM landsat georreferenciadas de 1980. Isto assegurou que as grelhas de píxeis das imagens de 1990, 2000, 2010 e 2013 estivessem em conformidade com a imagem georreferenciada de 1980, para permitir a comparação pixel a pixel das imagens.

4.4.1.3 Classificação não supervisionada e supervisionada

As imagens foram analisadas utilizando uma abordagem de classificação não supervisionada e supervisionada para determinar os vários tipos de utilização do solo. A classificação não supervisionada foi utilizada para isolar todas as categorias de uso do solo entre as imagens de 1980 e 2013. Em seguida, foi efectuada a classificação supervisionada, que envolveu a criação de assinaturas que definem as classes de utilização do solo identificadas durante a classificação não supervisionada. As assinaturas foram então utilizadas para produzir um mapa de uso do solo da área. O processo foi repetido várias vezes até se produzirem mapas de utilização do solo refinados para a zona. As alterações nas classes de uso do solo foram cartografadas, quantificadas e a exatidão avaliada para todas elas.

4.4.1.4 Verificação do terreno

A verificação no terreno, os informadores e os dados secundários validaram os tipos de utilização da terra, tendo sido efectuadas visitas ao terreno para recolher informações sobre os principais tipos de utilização da terra identificados. As informações recolhidas incluíam actividades humanas, povoamento humano e áreas de construção, o tipo de cobertura vegetal, a cobertura de zonas húmidas e os sistemas agrícolas. Esta informação recolhida foi utilizada para explicar os tipos de uso do solo e as alterações de uso do solo detectadas na área nos últimos 33 anos.

4.4.2 Dados socioeconómicos

Foram utilizados procedimentos de amostragem aleatória e de agrupamento para estabelecer os blocos de amostragem e as unidades de amostragem por bloco (unidades familiares entrevistadas), respetivamente. Utilizou-se a amostragem propositada para identificar especialistas em SIG, deteção remota e fauna bravia, enquanto que a amostragem Bola de Neve foi adoptada para complementar, validar e clarificar a informação recolhida nas entrevistas aos agregados familiares e às instituições.

Amostragem por conglomerados

A área de estudo foi dividida em divisões, das quais foram selecionadas aleatoriamente quatro divisões. As divisões selecionadas foram ainda subdivididas em localidades, das quais foram selecionadas aleatoriamente nove localidades. Os locais selecionados incluem Amboseli, Olchoro, Imbirikani, Kimana, Inkariak Ronkena, Kuku, Loolopon,

Entonet e Olorika (Figura 4.1).

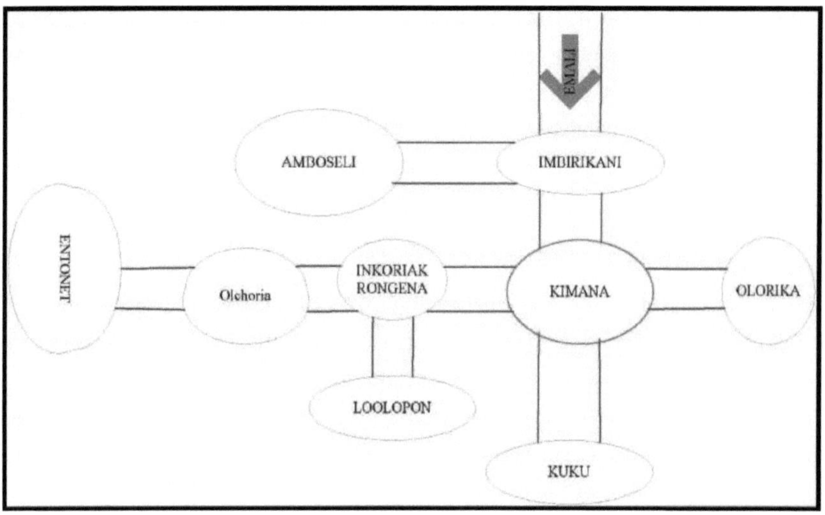

Figura 4-1: Transecto de campo

Fonte: Inquérito de campo, (2013) NB: Não desenhado à escala

Amostragem aleatória simples

Tendo agrupado a área de estudo em nove localidades, foi utilizada uma amostragem aleatória simples para obter as unidades de amostragem efectivas. Os agregados familiares foram selecionados aleatoriamente em cada local, dependendo do tamanho da área e da densidade populacional humana, como se segue: Divisão de Kimana e Kuku (30 agregados familiares cada), Olchoro, Loolopon, Entonet e Inkariak Ronkena (25 agregados familiares cada) e Amboseli e Mbirikani (20 agregados familiares cada). As entrevistas foram efectuadas de forma aleatória, utilizando perguntas semi-estruturadas. Para garantir a independência dos dados recolhidos, bem como a obtenção de pontos de vista tão amplos quanto possível, apenas um chefe de família adulto (homem ou mulher) foi entrevistado em cada agregado familiar, mas ele ou ela tinha a liberdade de procurar ajuda de membro (s) da família em caso de dificuldades em responder às perguntas. No caso das instituições, foi entrevistado apenas o funcionário com mais tempo de serviço, que era considerado mais conhecedor da área de estudo, mas este tinha a liberdade de pedir ajuda a outro(s) funcionário(s) em caso de dificuldades.

4.4.2.1 Amostragem selectiva

Isto foi usado para identificar especialistas em SIG e Deteção Remota, e conservação e gestão da fauna bravia. Os dados solicitados aos peritos em SIG e Deteção Remota incluíam imagens de satélite, tipos de uso da terra e causas da mudança do uso da terra. Os peritos em conservação forneceram dados sobre as causas da alteração do uso da terra e os efeitos da alteração do uso da terra nos habitats da fauna bravia e na população de ungulados selvagens.

4.4.2.2 Técnica de amostragem "bola de neve

A amostragem em bola de neve foi adoptada para complementar, validar e clarificar a informação recolhida nas entrevistas aos agregados familiares e às instituições. A bola de neve foi utilizada para identificar os principais intervenientes que estão envolvidos na conservação e gestão do ecossistema das zonas húmidas de Kimana.

4.5 Tamanho da amostra

A dimensão da amostra no ecossistema da zona húmida de Kimana incluiu 200 agregados familiares e 20 instituições. O tamanho da amostra foi calculado usando *a fórmula de Fisher* como explicado por Mugenda e Mugenda (1999).

$$n = Z^2PQ * 1/d^2$$

Em que: n= dimensão da amostra pretendida (se a população for >10 000);

- Z= desvio normal std ao nível de confiança requerido (1,96);
- P= Proporção da população que está a ser estimada;
- Q=1-P;
- d= nível do teste de significância estatística, (0,05).

4.6 Análise de dados

As imagens de satélite foram analisadas e interpretadas com recurso ao software Arc GIS Arc Map e ERDAS images. Os dados sobre estatísticas socioeconómicas, de ungulados selvagens e de gado foram analisados utilizando o software SPSS versão 17 e o Microsoft Excel. Os dados sobre as mudanças no uso da terra foram analisados usando estatísticas descritivas para mostrar a variação de 1980 a 2013. Isto envolveu o cálculo do tamanho das áreas sob cada uso do solo para os anos 1980, 1990, 2000 e 2013 e os seus tamanhos calculados. Esta capacidade é fornecida pelo comando area no módulo de consulta da base de dados do Arc Map. As áreas foram então introduzidas no Microsoft Excel para o cálculo das LUCs ao longo do tempo. Para determinar a alteração da utilização do solo para uma determinada utilização do solo, a área de terra para o ano de 1980 foi subtraída da área de terra para o ano de 2013. A análise estatística do coeficiente de correlação de Pearson foi efectuada para determinar a associação entre as mudanças nos diferentes usos do solo em KWE. As frequências dos chefes de família entrevistados e das instituições que deram uma determinada resposta foram resumidas. As igualdades das frequências foram testadas usando o qui-quadrado de ajuste. Os testes estatísticos foram considerados significativos se os valores de p fossem $\leq 0,05$ e insignificantes se os valores de p fossem $>0,05$. Para as tabulações cruzadas do qui-quadrado, se o valor de p fosse $\leq 0,05$, então uma resposta era dependente de um atributo e independente do atributo se o valor de p fosse $> 0,05$ (Zar, 1999).

CAPÍTULO 5: RESULTADOS E DISCUSSÃO

5.1 Introdução

Este capítulo apresenta os resultados do estudo e tenta responder às questões de investigação colocadas pelo estudo.

5.2 Resultados

As conclusões do estudo revelaram uma mudança significativa nos padrões de utilização da terra no ecossistema das zonas húmidas de Kimana entre 1980 e 2013. A análise das imagens de satélite produziu sete tipos principais de utilização do solo. Estes incluem terras agrícolas, povoações e zonas urbanas, florestas, prados, bosques, zonas húmidas e outras terras. As principais causas possíveis da alteração do uso do solo na área de estudo foram a expansão da agricultura, o aumento da população humana, factores económicos como o mercado pronto e os elevados ganhos financeiros da agricultura hortícola, a alteração da política de posse da terra, a política e factores socioculturais como a mudança cultural, a pobreza e o nível de educação. Os principais efeitos das alterações do uso da terra sobre os ungulados selvagens na zona incluem um declínio notável do número de ungulados selvagens, a perda de habitat e de zonas húmidas, o aumento da incidência de conflitos entre humanos e animais selvagens, a deslocação de ungulados selvagens pelo gado, a destruição e fragmentação do habitat e a degradação da terra.

5.3 . 1 Principais Mudanças no Uso da Terra no Ecossistema das Zonas Húmidas de Kimana (KWE)

O estudo produziu sete tipos principais de utilização do solo a partir de todos os conjuntos de imagens de satélite Landsat adquiridos e analisados. A análise dos mapas topográficos, a verificação do terreno e o mapa do Google Earth produziram cinco mapas de utilização do solo com sete tipos importantes de utilização do solo. Os tipos de uso da terra produzidos incluem terras agrícolas/cultivadas, povoações e áreas urbanas, florestas, prados, bosques, zonas húmidas/pântanos e outras terras (terrenos nus e rochosos, áreas construídas, pedreiras, estradas, zonas húmidas/pântanos secos, povoações humanas abandonadas) (Figura 5.1). Em 1980, o ecossistema das zonas húmidas de Kimana tinha uma área total de 3.348,66 km^2 , dos quais 69,97 km eram ocupados por explorações agrícolas/culturas^2 , 2,08 km por povoações e zonas urbanas^2 , 62,27 km por florestas^2 , 2.555,71 km por prados^2 , 58,93 km por bosques^2 , 492,66 km por pântanos^2 e 108,4 km por outras terras^2 (figura 5.1).

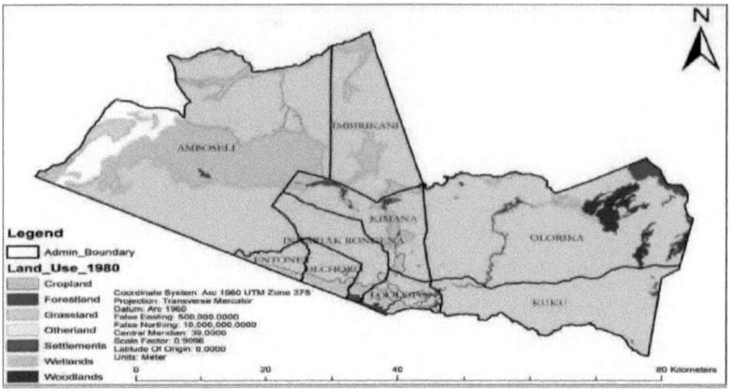

Figura 5-1: Mapa de Utilização da Terra de 1980 para o Ecossistema do Pântano de Kimana

Fonte: Autor, (2013)

O cenário alterou-se entre 1980 e 1990, tendo em 1990 a área agrícola/cultivar aumentado para 176,06 km^2 , a área de povoamento e urbana para 4,16 km^2 e outras terras para 202,61 km^2 , enquanto a área florestal diminuiu para 57,6 km^2 , a área de pastagem para 2 480,37 km^2 e as zonas húmidas para 368,92 km^2 . A área de floresta permaneceu intacta (58,93 km^2) (Figura 5.2).

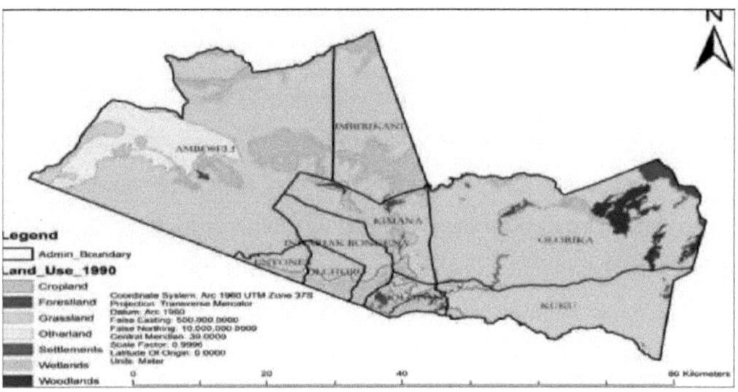

Figura 5-2: Mapa de Utilização da Terra de 1990 para o Ecossistema do Pântano de Kimana

Fonte: Autor, (2013)

Em 2000, a superfície das terras agrícolas/cultivadas, dos aglomerados populacionais e urbanos e de outras terras aumentou para 263,63 km^2 , 7,78 km^2 e 246,3 km^2 respetivamente, enquanto a superfície das florestas, prados, zonas húmidas e bosques diminuiu para 45,12 km^2 , 2 466,56 km^2 , 262,72 km^2 e 56,54 km^2 respetivamente (Figura 5.3).

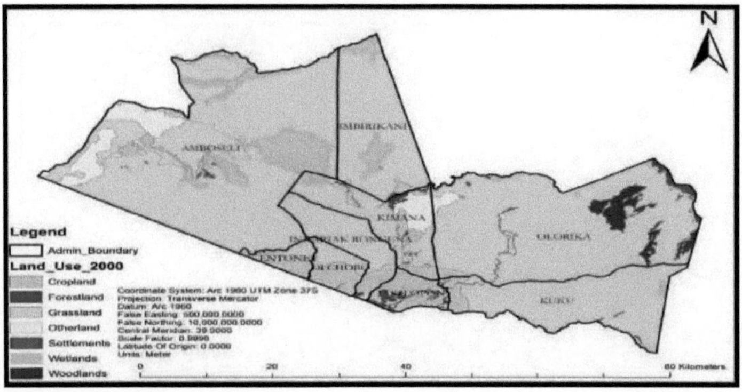

Figura 5-3: Mapa de Uso da Terra de 2000 para o Ecossistema do Pântano de Kimana

Fonte: Autor, (2013)

Os resultados relativos a 2010 revelaram um aumento da área das explorações agrícolas/cultivares (421,23 km^2), dos aglomerados populacionais e zonas urbanas (15,10 km^2) e de outras terras (271,78 km^2) e uma diminuição da área das florestas (34,53 km^2), dos prados (2 351,95 km^2) e das zonas húmidas (197,63 km^2). A área de floresta manteve-se inalterada (56,54 km^2) (Figura 5.4).

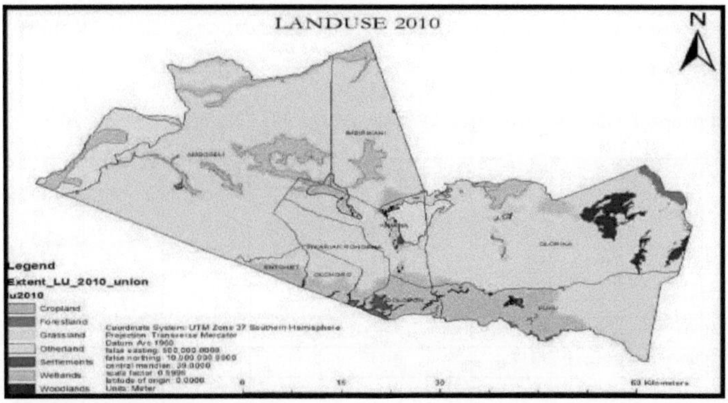

Figura 5-4: Mapa de Uso da Terra de 2010 para o Ecossistema das Zonas Húmidas de Kimana

Fonte: Autor, (2013)

Os resultados de 2013 mostraram que as explorações agrícolas/cultivares ocupavam uma área de (438,17 km^2), 22 povoações e áreas urbanas (16,26 km^2), outras terras (303,47 km^2), florestas (32,65 km^2), pastagens (2349,13 km^2), zonas húmidas (153,05 km^2) e bosques (55,78 km^2) (Figura 5.5).

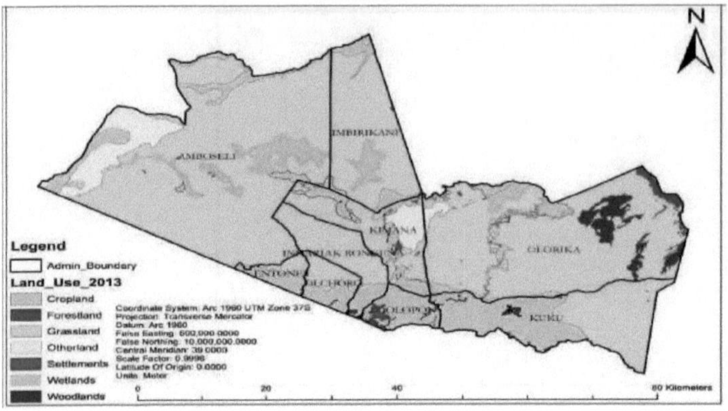

Figura 5-5: Mapa de uso do solo de 2013 para o ecossistema das zonas húmidas de Kimana

Fonte: Autor, (2013)

Entre 1980 e 2013, ocorreram grandes alterações nas dimensões do uso do solo, tendo a área ocupada por povoações e zonas urbanas aumentado 14,18 km^2 (681,57%), a área agrícola/cultivada 368,26 km^2 (526,21%) e outras terras 163,38 km^2 (180,89%). Pelo contrário, as zonas húmidas diminuíram 339,62 km^2 (68,93%), as florestas 29,61 km^2 (47,56%), os prados 266,57 km^2 (8,1%) e as florestas 3,15 km^2 (5,35%) (Quadro 5.1). Até ao ano 2030, prevê-se que a área de zonas húmidas tenha diminuído 465,05 km (94,3%) e a floresta 42,76 km^2 (68,8%).

Tabela 5.1: Estimativas da ocupação do solo (Km^2) na KWE de 1980 a 2013 e projecções para 2030

Tipos de utilização do solo	1980 (Km2)	RLC (%)	1990 (Km)^2	RLC (%)	2000 (Km)^2	RLC (%)	2013 (Km)^2	RLC (%)	% aumentar (+) ou diminuir (-)	2030 (Km)^2	% aumentar (+) ou diminuir (-)
Liquidação	2.08	0.00	4.16	0.12	7.78	0.23	16.26	0.49	681.57	22.92	_ 1001.54
Floresta	58.93	1.76	58.93	1.76	56.54	1.69	55.78	1.67	-5.35	54.09	-8.21
Terras de cultivo	69.97	2.09	176.06	5.26	263.63	7.87	438.17	13.09	526.21	598.66	755.56
Florestas	62.27	1.86	57.6	1.72	45.12	1.35	32.65	0.98	-47.56	19.51	-68.67
Outros terras	108.04	3.23	202.61	6.05	246.3	7.36	303.47	9.06	180.89	369.34	241.86
Zona húmida	492.66	14.71	368.92	11.02	262.72	7.85	153.05	4.57	-68.93	27.61	-94.39
Prados	2555.71	76.32	2480.37	74.07	2466.56	73.66	2349.13	70.15	-8.08	2275.24	-10.97
Total	3348.66	100.00	3348.65	100.00	3348.65	100.00	3348.51	100.00		3348.31	

Fonte: Dados de campo, (2013)

Verificou-se uma correlação positiva significativa entre as terras agrícolas e as zonas de povoamento (r=0,989, DF=2, P=0,001) e entre as terras agrícolas/cultivadas e outras terras (r=0,952, DF=2, P=0,013). Por outro lado, verificou-se uma correlação negativa significativa entre terras agrícolas e florestas (r=-0,989, DF=2, P= 0,001), terras agrícolas e pastagens (r=- 0,989, DF=2, P= 0,001), terras agrícolas e zonas húmidas (r=-0,997, DF=2, P=0,004), e terras agrícolas e bosques (r=-0,922, DF=2, P=0,026). Outra correlação negativa ocorreu também entre povoamento e floresta (r=-0,986, DF=2, P=0,002), povoamento e prados (r=-0,980, DF=2, P= 0,004), e outras terras e zonas húmidas (r=-0,985, DF=2, P=0,015) (Anexo III).

O estudo concluiu que as terras agrícolas/cultivadas, as zonas de povoamento e urbanas e outras terras na KWE estão a tornar-se importantes à medida que substituem as áreas anteriormente ocupadas por zonas húmidas/pântanos, pastagens (áreas de dispersão e reprodução da vida selvagem), florestas e bosques. O estudo revelou também que nenhuma das áreas que inicialmente eram zonas húmidas e depois foram convertidas em terras agrícolas voltou a ser zona húmida. As observações no terreno revelaram que as zonas húmidas desempenham um papel fundamental na agricultura de regadio. Isto porque toda a água usada para irrigação é bombeada diretamente das zonas húmidas (Placa 5.1).

Placa 5-1: Agricultores a bombear água para irrigação a partir da zona húmida principal de Kimana

Fonte: Inquérito de campo, (2013)

5.2. 2 Possíveis Causas da Mudança do Uso da Terra no Ecossistema das Zonas Húmidas de Kimana

As principais causas da mudança de uso da terra na KWE, conforme indicado pelos inquiridos, incluem expansões agrícolas (31,5%), aumento da população humana (24,0%), factores económicos (ganhos financeiros elevados com o cultivo em comparação com a pastorícia e o turismo baseado na vida selvagem) (13%), mudança da política de posse da terra (10,5%), política (10,5%), seca e factores socioculturais como o nível de educação, urbanização e mudança cultural (Tabela 5.2). Só foram consideradas as opiniões dos inquiridos que viviam na zona há mais de cinco anos. A opinião sobre as principais causas da alteração do uso da terra em KWE dependia dos usos actuais da terra e do tempo de permanência (κ^2 = 47,64, DF= 28, P=0,012; κ^2 =46,52, DF=28, P=0,024) (Anexo IV), mas era independente da idade, nível de educação, sistema de posse da terra e fontes de subsistência. Os agricultores e empresários atribuíram as causas da mudança de uso da terra na zona à expansão agrícola e aos ganhos económicos, enquanto os pastores a atribuíram à seca e a factores socioculturais como o nível de educação, a pobreza e a mudança cultural.

Tabela 5.2: Causas dos inquiridos para a mudança do uso da terra no ecossistema das zonas húmidas de Kimana

Possíveis causas da alteração do solo	Número de utilização	Percentagem
Expansão agrícola	63	31.5
Forças económicas	26	13.0
Política	21	10.5
Mudança da política de posse da terra	21	10.5
Aumento da população humana	48	24.0
Seca	7	3.5
Pobreza	5	2.5
Nível de educação	4	2.0
Mudança cultural	3	1.5
Urbanização	2	1
Total	200	100.0

Fonte: Dados de campo, (2013)

5.2.2.1 Expansão agrícola

Os resultados do estudo mostram que o campo agrícola irrigado na KWE aumentou de 69,97 km^2 em 1980 para mais de 438,17 km^2 em 2013, sugerindo que a expansão agrícola é uma das principais causas da mudança do uso da terra (Figura 5.5; secção 5.2.1). Isto também foi apoiado por 31,5% dos inquiridos que acreditam que a expansão agrícola é uma das principais causas da mudança do uso da terra no ecossistema da zona húmida de Kimana (Tabela 5.2). A expansão foi provocada pela elevada procura de produtos hortícolas e pela disponibilidade de água para irrigação durante todo o ano. Esta expansão fez com que a agricultura irrigada se tornasse a principal fonte de subsistência dos agregados familiares em KWE, como indicado por 39% dos inquiridos que dependem inteiramente da agricultura e 17% dos inquiridos que dependem da agricultura e da pecuária (Figura 5.6).

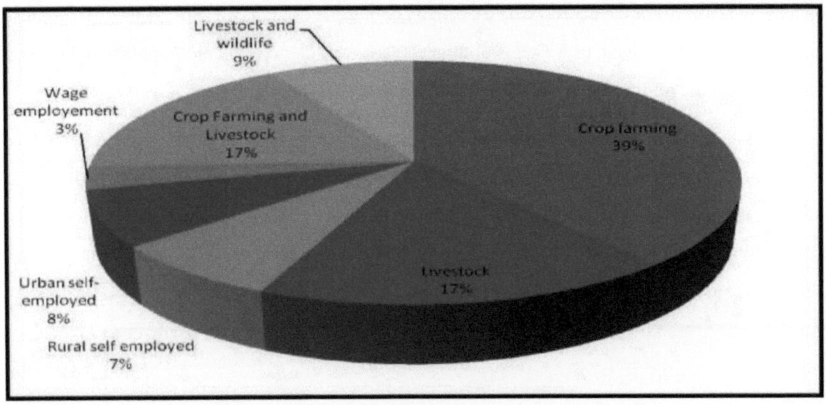

Figura 5-6: Fontes de subsistência no ecossistema das zonas húmidas de Kimana Fonte: Dados de campo, (2013)

As principais fontes de água para irrigação na área eram pântanos, nascentes e rios, conforme indicado pelos inquiridos e observado durante o inquérito de campo. As principais culturas atualmente cultivadas na área são as hortícolas, como o tomate, a malagueta, a cebola, as couves, entre outras, enquanto o milho e o feijão são as principais culturas alimentares (Prato 5.2, Anexo II). O estudo estabeleceu que, no início da década de 1980, as principais culturas cultivadas eram o milho, o feijão, o sorgo, o painço e a banana. No final da década de 1980, os agricultores começaram a cultivar culturas hortícolas, principalmente para fins comerciais.

Placa 5-2: Exemplos de culturas hortícolas e alimentares cultivadas na área de estudo

Fonte: Inquérito de campo, (2013)

5.2.2.2 Dinâmica demográfica

Nas últimas três décadas, o ecossistema das zonas húmidas de Kimana registou um elevado crescimento da população humana. A área tem uma taxa de crescimento anual da população humana estimada em 4,67, de acordo com o censo de 2009. A área de estudo tinha uma população humana de 84 297 pessoas e uma densidade populacional de 25,2 pessoas/km^2 com a divisão de Kimana a ter a maior densidade populacional de 57 pessoas/km^2 de acordo com o censo da população humana de 2009 (Tabela 3.1; secção 3.10). A área da divisão de Kimana está a registar uma elevada taxa de crescimento populacional e atraiu uma grande população de migrantes de outras partes do país, como Makueni, Mackakos e Nairobi, Kiambu e Nyeri que estavam sobretudo interessados na agricultura de regadio e em negócios. Prevê-se que, até ao ano 2030, a população humana total da região seja de 210 789 pessoas (Figura 5.7). O rápido crescimento da população na área resultou num aumento da procura de mais terra para a agricultura, povoamento e desenvolvimento de infra-estruturas. Esta procura levou ao abate de grandes áreas de zonas húmidas, florestas, bosques e prados que servem de habitat a ungulados selvagens.

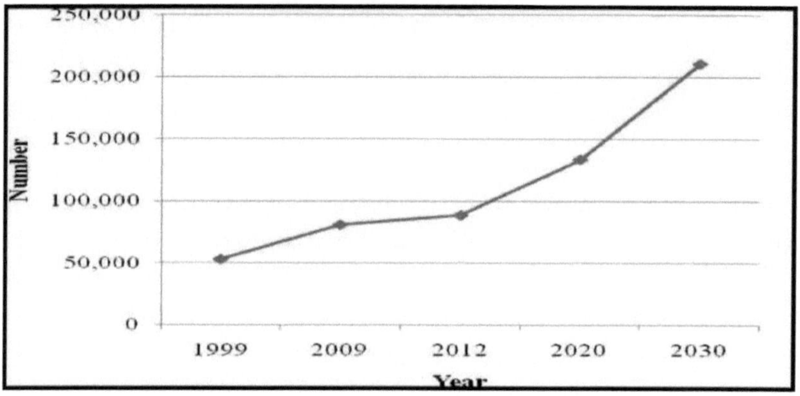

Figura 5-7: População Humana Projectada para o Ecossistema do Pântano de Kimana até ao Ano 2030

Fonte: Plano de Desenvolvimento do Distrito de Loitokitok, SBC

5.2.2.3 Factores económicos

Benefícios financeiros

Do número total de inquiridos, 82% indicaram que não recebem praticamente nenhum benefício monetário direto da indústria do turismo baseado na vida selvagem. Eles revelaram que os benefícios monetários adquiridos do turismo baseado na fauna bravia não são distribuídos de forma justa aos proprietários de terras. Estes apenas recebem benefícios indirectos sob a forma de bolsas de estudo, água canalizada, construção de salas de aula e dispensários, pátios de venda de gado e outros bens comunitários relacionados, que muitas vezes não beneficiam os mais necessitados. O estudo observou ainda que é a comunidade local que suporta os custos da gestão dos habitats da fauna bravia, incluindo a segurança pessoal, a competição pelo pastoreio, os investimentos para minimizar os riscos, os custos de gestão, os danos às culturas e ao gado devido à propagação de doenças e à morte. Em contraste, eles indicaram que recebem benefícios diretos da agricultura de regadio e da venda ou arrendamento das suas terras.

Disponibilidade de mercado e desenvolvimento de infra-estruturas

A cidade de Kimana (placa 5.3) fica a 70 km da cidade de Emali, ao longo da estrada Emali-Loitoktok, que liga o Quénia à Tanzânia, a sul. O aumento da procura de produtos agrícolas para satisfazer os mercados locais e as cidades fronteiriças como Moshi, Arusha e Tarakea, na Tanzânia, acelerou a taxa de cultivo de produtos hortícolas na área, tal como indicado por 86% dos inquiridos. O estudo constatou que aproximadamente 20.000 toneladas de produtos agrícolas são colhidas e transportadas semanalmente para os mercados da Tanzânia, Nairobi e Mombaça. Os empresários entrevistados salientaram que não incorrem em quaisquer custos de transporte porque os comerciantes recolhem os produtos nas suas explorações agrícolas.

Placa 5-3: Instalações de empresas de produção de cogumelos na cidade de Kimana Fonte: Inquérito de campo, (2013)

5.2.2.4 Mudança da política de posse da terra

As mudanças nas políticas governamentais, tais como a 'Lei de Representantes de Grupos de Terras e Adjudicação de Terras' de 1968, que permitiu a demarcação de terras detidas sob título privado por um grupo de membros registados em ranchos de grupo, resultaram numa mudança de uso da terra no ecossistema das zonas húmidas de Kimana, na opinião de 10,5% dos entrevistados. A revogação destas leis levou à subdivisão dos ranchos de grupo e subsequente propriedade individual da terra. O estudo estabeleceu que, a terra que anteriormente pertencia a ranchos de grupo era agora propriedade individual e os proprietários individuais têm controlo total sobre a sua terra. A introdução da agricultura de regadio em pequena escala na região no início dos anos 70, após o colapso do modelo de ranchos colectivos, resultou num aumento da procura de mais terras para a agricultura de regadio, como revelado por 82% dos inquiridos. Este aumento da procura de mais terras para a agricultura de regadio resultou numa maior subdivisão das terras. O estudo revelou que 65% dos inquiridos que possuíam terras tinham subdividido as suas terras e vendido ou arrendado as mesmas.

O estudo constatou ainda que 76,5% dos entrevistados possuem menos de 5 acres e apenas 5,5% possuem mais de 10,1 acres (Tabela 5.3). O estudo estabeleceu que quando os membros do rancho do grupo Kimana subdividiram as suas terras após o fracasso do modelo do rancho do grupo, o tamanho médio das parcelas individuais era de 1,2 km^2 (0,6-4,6 km^2). Assim, as mudanças na posse da terra podem ter estimulado a mudança de uso da terra no ecossistema das zonas húmidas de Kimana.

Tabela 5.3: Tamanho da Terra Possuída por Indivíduos no Ecossistema de Zonas Húmidas de Kimana

Tamanho do terreno	Número	Percentagem
<2,5 hectares	80	40
2,5- 5 Acres	73	36.5
5.1- 7.5 Acres	20	10
7,6- 10 Acres	16	8
Acima de 10,1 hectares	11	5.5

Fonte: Dados de campo, (2013)

A venda de terra é verificável pelo facto de 65% dos entrevistados serem não-Maasai que emigraram de outras áreas. De acordo com 69% do total dos inquiridos que possuíam terra nas áreas indicaram que a adquiriram através de compra, 24,5% por herança e 6,5% (todos os migrantes) tinham alugado a terra que estavam a usar (Figura 5.8).

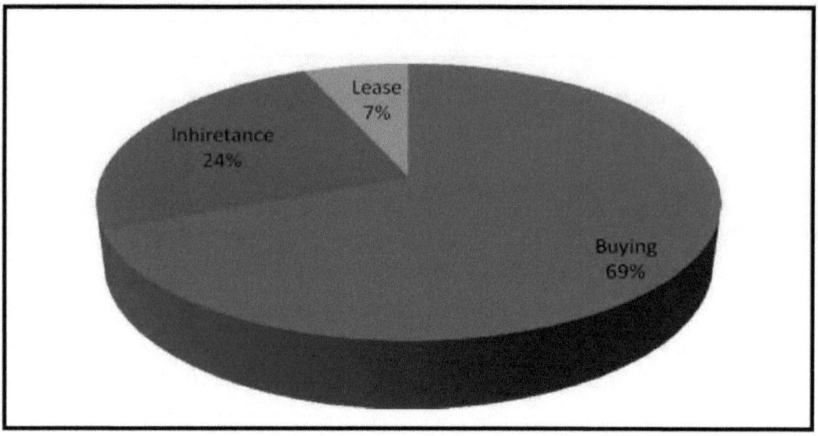

Figura 5-8: Sistema de posse de terra no ecossistema da zona húmida de Kimana Fonte: Dados de campo, (2013)

5.2.2.5 Influências políticas

Os resultados de 10,5% dos inquiridos revelaram que os políticos que usam a questão da terra para ascender ao poder influenciaram as mudanças no uso da terra nas áreas. Os entrevistados revelaram que o colapso do KGR e a sua subsequente subdivisão, embora a motivação para a subdivisão tenha vindo dos filhos dos membros originais do KGR, foi largamente influenciada pelos políticos. O governo acolheu bem a subdivisão e em 1981 promulgou uma política para a promover. A proposta de diferentes quadrantes para controlar o uso da terra no ecossistema das zonas húmidas de Kimana enfrentou grande oposição dos políticos que sempre politizaram toda a questão. Por exemplo, em 2005, durante o referendo à Constituição do Quénia, o presidente reformado Mwai Kibaki cedeu o Parque Nacional de Amboseli ao conselho do condado de Olkajiado, uma medida que foi contestada pelo KWS em tribunal. Uma tentativa de conservação e de ambientalistas para que a principal zona húmida de Kimana fosse declarada como local de ramser teve grande oposição por parte dos políticos.

5.2.2.6 Factores sócio-culturais

Tradicionalmente, a terra em terras Maasai é propriedade dos homens nos agregados familiares, como revelado por 90% dos inquiridos. Não é suposto as mulheres dos agregados familiares herdarem a terra ou tomarem qualquer decisão relativa à terra, pelo que os homens dos agregados familiares detêm a decisão final sobre a forma como a terra será utilizada. Isto levou a que muitos homens subdividissem e vendessem ou arrendassem as suas terras a compradores interessados, sem o consentimento das suas contrapartes femininas no agregado familiar. Das mulheres entrevistadas, 62% concordaram que os seus familiares masculinos tinham vendido parte ou a totalidade das suas terras sem o consentimento de todos os membros da família. O estudo revelou que os Maasai, que são a tribo dominante na área de estudo, passaram da pastorícia para a agricultura, como indicado por 53% dos inquiridos. A mudança da criação de gado e da conservação da vida selvagem para a agricultura tem sido motivada pelos elevados ganhos financeiros da agricultura, por oposição à criação de gado e à conservação da vida selvagem, conforme indicado por 42% dos inquiridos.

O estudo revelou que o nível de educação contribuiu para a mudança de uso da terra nas áreas de estudo, conforme indicado por 62% dos entrevistados. As pessoas com formação académica na área de estudo preferiram as culturas à criação de gado e à conservação da vida selvagem. Este facto foi atribuído à elevada taxa de maturidade das culturas, associada a um mercado pronto e a ganhos financeiros rápidos, em oposição à conservação do gado e da fauna bravia.

5.2.3 Efeitos da Mudança do Uso da Terra sobre os Ungulados Selvagens no Ecossistema das Zonas Húmidas de Kimana

Na opinião de 89% dos entrevistados, as mudanças no uso da terra no estudo tiveram efeitos significativos nas zonas húmidas e nas populações de ungulados selvagens (κ =121.68, DF=1, P=0.000). Os principais efeitos da alteração do uso da terra sobre os ungulados selvagens na KWE incluem um declínio notável no número de ungulados selvagens, invasão das zonas húmidas e de outros habitats de vida selvagem, aumento significativo da incidência de conflitos entre humanos e animais selvagens (κ =162.00, DF=1, 0.000), destruição do habitat, deslocação de ungulados selvagens pelo gado, degradação da terra e emergência de espécies de plantas invasoras.

5.2.3.1 Tendências da abundância de ungulados selvagens no ecossistema das zonas húmidas de Kimana (1979-2013)

As contagens de animais selvagens efectuadas na área de estudo de 1979 a 2010 por várias instituições em quatro espécies de ungulados selvagens mostraram um declínio no número de espécies individuais. De acordo com a contagem de animais de 1979, o gnu tinha uma estimativa populacional de aproximadamente 6.700 indivíduos e era o ungulado selvagem mais numeroso, seguido da zebra comum (5.600), da gazela (5.495) e da impala (4820). Em 2010, a zebra comum foi a mais numerosa, com uma estimativa populacional de 4.232 indivíduos, seguida do gnu (3.990), da gazela (769) e da impala (607) (Figura 5.9). A população de impalas, gazelas e gnus diminuiu gradualmente em números de 1979 a 2010, enquanto a população de zebras comuns aumentou gradualmente de 1979 a 2007 e diminuiu drasticamente de 2007 a 2010 (Figura 5.9).

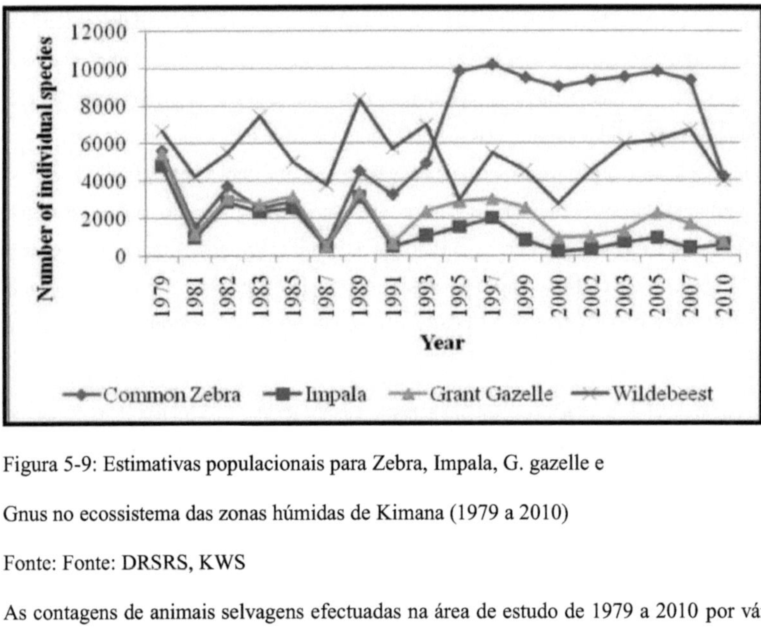

Figura 5-9: Estimativas populacionais para Zebra, Impala, G. gazelle e

Gnus no ecossistema das zonas húmidas de Kimana (1979 a 2010)

Fonte: Fonte: DRSRS, KWS

As contagens de animais selvagens efectuadas na área de estudo de 1979 a 2010 por várias instituições em quatro espécies de ungulados selvagens mostraram um aumento significativo da zebra comum e uma diminuição significativa da impala e da gazela (Tabela 5.4).

Tabela 5.4: Tendência da população de ungulados selvagens no ecossistema das zonas húmidas de Kimana (1979 a 2010)

Espécies	valores t	Valores de P	Significância da tendência
Gnu	.835	.416	+
Zebra comum	3.825	.001	+****

Impala	-3.538	.003	-***
Grant Gazelle	-2.134	.049	-**

Os valores de significância são P< 0,1 (*), P< 0,05 (**), P< 0,01 (***), P< 0,001 (****)

Fonte: DRSRS, KWS

Os resultados das contagens aéreas e terrestres efectuadas em KWE de 1997 a 2010 para sete espécies de ungulados selvagens mostraram um declínio no número de zebras comuns de 1997 a 2010 em 58,5%, impalas em 69,7%, gazelas em 74,8%, gnus em 27,5%, girafas Maasai em 2,8% e búfalos africanos em 51,9% (Figura 5.10). A população de Cape Eland registou um aumento relativo elevado de mais de 221,5% de 2007 a 2010. Em 2000, 80,9% dos Búfalos Africanos estavam na ANP, 10,9% no Santuário de Kimana e 8,2% estavam no rancho do grupo Kuku. Todos os búfalos africanos contados em 2007 estavam dentro das áreas protegidas.

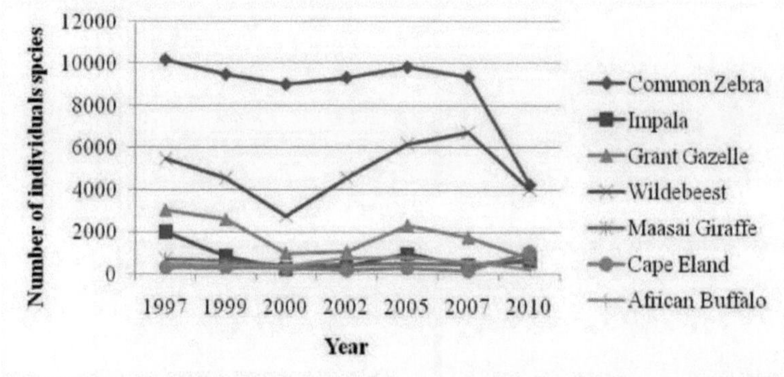

Figura 5-10: Estimativas da população de ungulados selvagens de 1997 a 2010 em Kimana

Ecossistema de zonas húmidas

Fonte: Fonte: DRSRS, KWS

Os resultados de uma pergunta sobre se a população de ungulados selvagens no ecossistema das zonas húmidas de Kimana tem aumentado ou diminuído nos últimos 33 anos, 80% dos entrevistados indicaram que tem diminuído, 8% que tem aumentado e 12% não faziam ideia. Apenas foram consideradas as opiniões dos inquiridos que permaneceram na zona durante mais de 10 anos. O declínio foi maior fora das áreas protegidas do que nas áreas protegidas, de acordo com as opiniões dos especialistas conservacionistas entrevistados na área. Em áreas onde existiam culturas agrícolas e zonas de povoamento, as densidades de fauna bravia foram notadas como sendo relativamente baixas durante a observação de campo, mas não foi possível tirar uma conclusão com base nisso porque a observação foi efectuada uma vez. Exemplos de ungulados selvagens encontrados no ecossistema das zonas húmidas de Kimana (Placa 5.4).

Placa 5-4: Exemplos de ungulados selvagens encontrados no ecossistema das zonas húmidas de Kimana
Fonte: Inquérito de Campo, (2013)

5.2.3.2 Tendência da população de gado no ecossistema das zonas húmidas de Kimana

O gado indígena (Zebu), as cabras, as ovelhas e os burros são os principais tipos de animais mantidos na área de estudo. No passado recente, os agricultores começaram a criar gado leiteiro (principalmente frísia) em regime de pastagem zero. Os números relativos à população de gado nas últimas três décadas mostram que o número de bovinos, caprinos e ovinos está a aumentar no KWE (DDP, 2008). As contagens aéreas do gado na KWE de 2000 a 2010 indicam uma tendência ascendente. As cabras e ovelhas parecem ter aumentado nos últimos dez anos, com uma população total de 104 520 em 2010, em comparação com 86 840 em 2007, 58 087 em 2002 e 49 230 em 2000. De acordo com o recenseamento aéreo de 2010, o gado bovino, caprino e ovino estava amplamente distribuído em toda a área de recenseamento, embora o inquérito tenha revelado um ligeiro aumento dos números.

O estudo estabeleceu que a invasão de gado no Parque Nacional de Amboseli é normalmente proveniente do lado sul do Parque e é elevada durante a estação seca. Isto levou a uma competição intensa entre os ungulados selvagens e o gado por pasto e água, como evidenciado pela degradação da terra e pelo sobrepastoreio no Parque, especialmente nas zonas húmidas (Placa 5.5).

Placa 5-5: Terra sobrepastoreada no Parque Nacional de Amboseli

Fonte; Inquérito de campo, (2013)

5.2.3.3 Invasão das zonas húmidas e de outros habitats de vida selvagem

O estudo constatou que os agricultores estão a converter as zonas húmidas/pântanos, que são fundamentais para as populações de gado e de ungulados selvagens nos ranchos do grupo Kimana, Kuku e Mbirikani, em campos agrícolas irrigados. As zonas húmidas servem de áreas de pastagem na estação seca para o gado e os ungulados selvagens, tal como foi referido pelos inquiridos e pelos peritos em conservação entrevistados. As áreas onde ocorreram mais mudanças no uso da terra foram na zona húmida principal de Kimana, conforme indicado pelos entrevistados. A zona húmida cobria originalmente uma área de cerca de 10 km^2, mas atualmente cobre uma área de 1,5 km^2, tal como foi estabelecido pelo estudo. A maior parte da sua vegetação original e dos habitats da vida selvagem foram eliminados para dar espaço à expansão da agricultura de regadio, à fixação humana e ao desenvolvimento de infra-estruturas, como revelaram os conservacionistas que foram entrevistados. A água da zona húmida remanescente foi desviada através de numerosos canais para satisfazer a crescente área de zonas húmidas sob agricultura de regadio, como evidenciado pelo número de bombas de água observadas durante as visitas de campo na área de estudo (placa 5.6).

Placa 5-6: Agricultores a extrair água para irrigação da zona húmida principal de Kimana

Fonte: Inquérito de campo, (2013)

5.2.3.4 Destruição de Habitats

Os agricultores invadiram áreas florestais, bosques e prados que costumavam ser áreas de dispersão e reprodução de ungulados selvagens, conforme observado durante as visitas de campo e revelado pelos inquiridos. Os resultados do estudo mostram um declínio na dimensão das florestas, bosques e prados e um aumento na dimensão das terras agrícolas, povoações e áreas construídas. Os especialistas conservacionistas entrevistados revelaram que as áreas de bosques, florestas e pastagens que costumavam servir como áreas de dispersão e reprodução da vida selvagem foram desmatadas para dar lugar à expansão das explorações agrícolas irrigadas, à colonização humana e ao desenvolvimento de infra-estruturas. As árvores indígenas nas terras agrícolas foram abatidas, como se observou durante as visitas de campo. A agricultura ao longo das áreas de dispersão da fauna bravia resultou no bloqueio das rotas tradicionais de movimento sazonal do gado e dos ungulados selvagens, conforme revelado pelos inquiridos. O bloqueio dos corredores de vida selvagem e das rotas de dispersão resultou no aumento dos conflitos entre humanos e animais selvagens, no aumento da competição por pasto e água entre o gado e os ungulados selvagens. Durante as visitas de campo, foram também observados habitats naturais degradados em zonas próximas de terras agrícolas e povoações humanas. O abate de árvores autóctones para a produção de carvão vegetal foi observado nas divisões de Imbirikani, Kuku e Kimana, apesar da proibição da produção de carvão vegetal nessas zonas.

5.2.3.5 Conflito Homem-Fauna Bravia (HWC)

As incidências de conflitos entre o homem e a vida selvagem, que eram raras na década de 1980, tornaram-se frequentes, conforme testemunhado por 95% dos inquiridos. Destes, 88,5% foram vítimas dos conflitos. As formas mais graves de HWC, na sua opinião, foram os danos às culturas e às propriedades por ungulados selvagens (44%), a predação de gado por carnívoros (25%), a morte e os ferimentos de seres humanos (13% e 8% respetivamente), os atropelamentos (6%) e a competição por recursos entre humanos, gado e ungulados selvagens foi a menor (4%) (Figura 5.11).

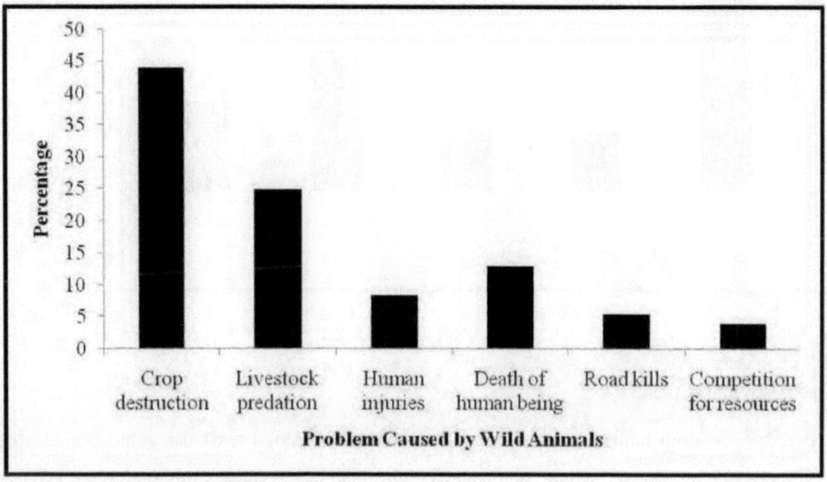

Figura 5-11: Problemas causados por animais selvagens no ecossistema das zonas húmidas de Kimana

Fonte: Dados de campo, (2013)

O estudo observou que a destruição de culturas era galopante nos campos irrigados dentro das zonas húmidas. Os entrevistados atribuíram o ataque à agricultura de culturas palatáveis perto das áreas protegidas e ao longo das áreas de dispersão da vida selvagem e das rotas migratórias. Esta proposição é apoiada pelas conclusões de que 44% das propriedades e quintas dos inquiridos estão localizadas a menos de 5 km das áreas protegidas (Parque Nacional de Amboseli e Santuário Comunitário de Vida Selvagem de Kimana) (Figura 5.12).

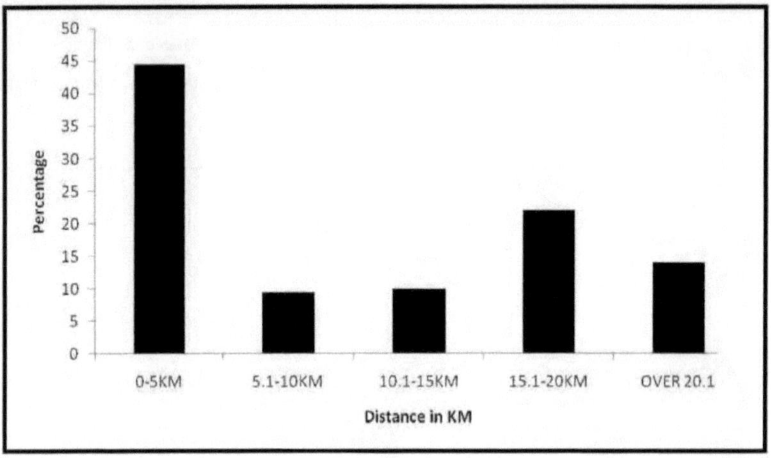

Figura 5-12: Distância entre a casa dos inquiridos e as áreas protegidas

Fonte: Dados de campo, (2013)

Durante décadas, os atropelamentos não foram um problema no ecossistema das zonas húmidas de Kimana, mas nos últimos anos têm vindo a aumentar, conforme indicado pelos entrevistados, embora não existam dados disponíveis sobre o número exato de atropelamentos de animais selvagens. No entanto, durante as visitas de campo, três animais selvagens mortos (um macho adulto de Hyeana manchada e duas Zebras comuns adultas) foram avistados ao longo da estrada de Email- loitokitok em diferentes pontos. Um exame minucioso das carcaças mostrou que os animais foram atropelados por um automobilista em excesso de velocidade, facto confirmado por uma testemunha ocular. O alcatroamento da estrada Emali-Loitokitok e a não construção de lombas foi a principal causa de mortes na estrada na área, conforme indicado pelos inquiridos (Placa 5.7).

Placa 5-7: Estrada Emali-Loitokitok Tammacked

Fonte: Inquérito de campo, (2013)

Os conflitos entre o homem e a fauna bravia no ecossistema das zonas húmidas de Kimana foram mais graves entre os meses de abril e junho (36,5%) e entre outubro e dezembro (28,8%). A principal razão apresentada pelos entrevistados foi o facto de os ungulados selvagens saírem das áreas protegidas durante a estação das chuvas e regressarem durante a estação seca. Os inquiridos também indicaram que os conflitos eram mais graves entre as 18:00 e as 6:00 (50,5%) e mínimos entre as 14:00 e as 18:00 (Tabela 5.5).

Tabela 5.5: Período do ano e hora do dia em que as incidências de conflitos entre humanos e animais selvagens são mais graves

Período do ano em que o HWC é grave	Respondente Percentagem	Hora do dia em que o inquirido O HWC é grave	Percentagem
janeiro-março	16.5	6h-11h	27
abril - junho	36.5	12h às 14h	12.5
julho - setembro	18.2	15h00-18h00	10
outubro - dezembro	28.8	7pm-6am	50.5

Fonte: Dados de campo, (2013)

5.2.3.6 Deslocação de ungulados selvagens pelo gado

O gado deslocou os ungulados selvagens nos ranchos colectivos onde costumavam pastar juntos devido à competição por espaço, água e pasto, como revelaram os inquiridos. Os peritos em conservação que foram entrevistados também apoiaram as opiniões dos inquiridos. As ovelhas e cabras são a principal causa da deslocação de ungulados selvagens no ecossistema das zonas húmidas de Kimana, como revelaram os especialistas em conservação entrevistados. Isto resultou num conflito entre o gado e os ungulados selvagens por causa de recursos como a água e o pasto, como indicaram 57& dos entrevistados. Os conflitos foram considerados graves nas zonas húmidas e pantanosas durante as estações secas. A competição pelo pasto entre o gado e os ungulados selvagens resultou em sobrepastoreio, como evidenciado por muitos terrenos nus e degradação da terra observados durante o levantamento de campo. A degradação da terra e as áreas de sobrepastoreio foram observadas durante o levantamento de campo em diferentes partes do ecossistema das zonas húmidas de Kimana. A situação era mais grave nas áreas que tinham uma grande concentração de gado (placa 5.8).

Placa 5-8: Tartarugas e cabras a pastar no Santuário de Vida Selvagem da Comunidade de Kimana

Fonte; Inquérito de campo, (2013)

As zonas mais degradadas situavam-se sobretudo ao longo das margens dos rios e das zonas húmidas. A erosão do solo por salpicos e ravinas foi observada em terras agrícolas, áreas construídas por estradas, áreas de sobrepastoreio, e ao longo das margens dos rios e zonas húmidas. A erosão em ravina foi observada no rancho do grupo Mbirikani durante a visita de campo (Placa 5.9). A erosão eólica foi observada nas áreas de Amboseli e Imbirikani. De acordo com os peritos em conservação, a erosão eólica é mais grave em terrenos nus durante a estação seca.

Placa 5-9: Uma secção de terra degradada no Rancho do Grupo Imbirikani Fonte: Levantamento de campo, (2013)

5.2.3.8 Espécies invasoras

A partir do levantamento de campo, notou-se que espécies de plantas invasoras tais como *solanum incanum* (Placa 5.10), *Lantana camara* e *Lantana trifolia* se espalharam para cobrir grande parte da terra sobrepastoreada no ecossistema da zona húmida de Kimana. Esta situação foi observada como sendo mais grave em áreas onde o sobrepastoreio por ungulados selvagens e gado era intenso e ao longo das margens das explorações agrícolas. *Solanum incanum* não tem inimigos naturais e foi observado que se desenvolve bem em ecossistemas perturbados. Verificou-se que dominava o estrato herbáceo, impedindo assim o crescimento de espécies de gramíneas.

Placa 5-10: *Solananum incanum* na zona húmida de Kimana

Fonte: Inquérito de campo, (2013)

5.2.3.9 Actividades turísticas

A indústria do turismo é uma das principais fontes de divisas do Quénia e a KWE é um dos destinos turísticos mais populares (ver quadro 5.11). O desenvolvimento das instalações turísticas na KWE tem sido rápido em resposta ao número crescente de turistas. Em 1980, por exemplo, o estudo constatou que existiam apenas cinco hotéis e pousadas, mas atualmente existem mais de 25 hotéis, pousadas e parques de campismo com capacidade para mais de 1.700 camas (Anexo V). O desenvolvimento de instalações turísticas, tais como alojamento, abastecimento de água, restaurantes e instalações recreativas na área, levou à fragmentação do habitat da vida selvagem, à degradação do habitat e ao bloqueio do corredor da vida selvagem. O bloqueio dos corredores de vida selvagem levou à perturbação dos padrões de migração dos animais. Numa tentativa de permitir que os turistas vejam a vida selvagem de perto, foram construídas estradas e trilhos de observação de animais selvagens em zonas ecologicamente frágeis que servem de local de reprodução e de escultura para a maioria das espécies de animais selvagens. O estudo constatou que um elevado número de veículos turísticos se concentra nestas zonas para ter uma boa visão dos animais. A situação agrava-se durante a época de acasalamento, quando um grande número de carrinhas de turismo converge para estas áreas para ter uma boa visão dos animais quando estão a acasalar, impedindo assim alguns animais selvagens de acasalar. Isto tem um efeito adverso no seu padrão de reprodução.

Placa 5-11: Turista observando animais selvagens no Parque Nacional Amboseli

Fonte: Inquérito de campo, (2013)

5.3 Discussão

Os resultados revelaram que se registaram mudanças significativas nos padrões de utilização da terra na KWE nos últimos 33 anos. A maior mudança na utilização da terra é o aumento significativo de terras agrícolas/cultivadas, povoações e áreas urbanas, e estruturas físicas como a construção de estradas, escolas, centros de mercado, hotéis, alojamentos, parques de campismo e dispensários. As consequências inversas foram um declínio nas áreas de floresta, prados, zonas húmidas/pântanos e bosques. Isto deve-se ao facto de a agricultura, a ocupação humana e as zonas urbanas, as escolas, os dispensários, os hotéis, os parques de campismo, os alojamentos, os abrigos para o gado, a construção de estradas e outras infra-estruturas serem principalmente realizadas em florestas, prados, zonas húmidas/pântanos e bosques.

O aumento da área de terras agrícolas na KWE levou a uma maior procura de mais terras para a fixação humana e o desenvolvimento de infra-estruturas, tal como se verifica pelas correlações positivas entre terras agrícolas, povoações e outras terras. Por outro lado, o aumento da dimensão das terras agrícolas leva a um declínio das florestas, zonas húmidas, bosques e prados, como demonstram as correlações negativas entre terras agrícolas, florestas, prados, zonas húmidas e bosques e entre povoações, florestas e prados. O aumento das terras agrícolas indica que a agricultura de regadio é uma importante fonte de subsistência na KWE. O declínio das terras com zonas húmidas, florestas, prados e bosques que são habitats de vida selvagem significa que a conservação da vida selvagem não é uma fonte importante de subsistência para os habitantes locais da KWE. Isto é comprovado pelo facto de a maioria dos inquiridos não obter benefícios diretos do turismo baseado na vida selvagem, ao contrário dos benefícios diretos em dinheiro que obtêm da agricultura.

As principais causas da mudança de uso da terra no KWE incluem a expansão da agricultura, o aumento da população humana, factores económicos como os elevados ganhos financeiros da agricultura irrigada em comparação com a pastorícia e o turismo baseado na vida selvagem e o mercado pronto para os produtos hortícolas, a mudança da política de posse da terra, a política, as secas prolongadas e factores socioculturais como o nível de educação, a urbanização, a pobreza e a mudança cultural.

Tradicionalmente, a terra em KWE era propriedade comunitária. Este sistema tornou possível a prática da pastorícia nómada, que assegurava a produção sustentável de gado e a conservação da vida selvagem. No entanto, devido a alterações na política governamental, como a revogação da "Lei dos Representantes dos Grupos de Terras e da Adjudicação de Terras" de 1968, as terras de propriedade comunitária foram subdivididas em parcelas individuais. A subdivisão e a alteração da propriedade das terras no KWE conduziram a alterações na utilização das terras, que passaram da conservação da vida selvagem e da pastorícia para a agricultura alimentar e hortícola (agricultura de regadio), para a colonização e para as zonas de construção. Isto resultou numa expansão das terras agrícolas de 526,21%, das zonas de povoamento e urbanas de 681,57% e de outras terras de 195,43% entre 1980 e 2013. Por outro lado, a área de zonas húmidas diminuiu 68,93%, a área florestal 47,56%, a área de prados 8,1% e a área florestal 5,35% entre 1980 e 2013.

A disponibilidade de água durante todo o ano, a terra, os solos férteis nas zonas húmidas e a natureza da terra tornaram possível a agricultura de regadio através de irrigação por sulcos e por cobertura na área de estudo. O clima favorável, a boa rede de transportes, a elevada população humana e o mercado disponível favoreceram a agricultura hortícola na KWE. A mudança da conservação da vida selvagem e da pastorícia para a agricultura não é inteiramente nova entre a comunidade pastoril. No entanto, no KWE, assumiu um carácter mais comercial do que de agricultura de subsistência, levando à expansão das terras agrícolas através do abate de zonas húmidas, florestas, prados e bosques. Isto levou à perda de zonas húmidas importantes e de outros habitats de vida selvagem, que costumavam servir de área de pastagem para o gado e ungulados selvagens. As terras adjacentes às zonas húmidas que serviam de área de dispersão da vida selvagem tornaram-se agora propriedade individual. Os ungulados selvagens já não conseguem aceder às áreas que foram convertidas em terras agrícolas e povoações humanas. Assim, um grande número de ungulados selvagens concentra-se em zonas sem (ou com poucas) explorações agrícolas e povoações humanas. Os ungulados selvagens evitaram completamente as zonas urbanas e as zonas de construção como escolas, dispensários e mercados.

A subdivisão de ranchos colectivos em parcelas individuais também resultou no estabelecimento de santuários comunitários. Os santuários comunitários são geralmente demasiado pequenos em termos de área para serem unidades de conservação viáveis, uma vez que não estão ligados entre si. São habitats fragmentados de vida selvagem. Uma preposição também apoiada por Young e McClanahan (1996), que argumentaram que os santuários comunitários de vida selvagem representam um fragmento de todo o ecossistema e violam as abordagens de boa conceção baseadas nos princípios da biogeografia insular. Quando estes santuários comunitários de vida selvagem são estabelecidos isoladamente de outras áreas protegidas, sem os ligar por corredores de vida selvagem, resultam no isolamento das áreas protegidas. O isolamento das zonas protegidas é suscetível de provocar a consanguinidade dos animais selvagens, reduzindo assim a sua capacidade de sobrevivência.

Os pastores Maasai, cujas actividades pecuárias praticadas há muito tempo estão bem adaptadas ao habitat variável e cujas decisões de uso da terra são um fator-chave da abundância de vida selvagem dentro e à volta das áreas protegidas, são a tribo dominante na KWE. Durante décadas, viveram harmoniosamente com a fauna bravia nas suas próprias terras, onde os animais selvagens pastam livremente com o seu gado. O estudo revelou que eles praticamente não recebem benefícios diretos da indústria do turismo de vida selvagem. Os benefícios monetários não são distribuídos de forma justa nem equitativa aos proprietários de terras. As comunidades que vivem nestas áreas suportam os custos da gestão da vida selvagem e dos seus habitats, incluindo a segurança pessoal, a concorrência no pastoreio, os custos de gestão, os danos nas culturas e a predação do seu gado. Em contrapartida, recebem benefícios diretos da agricultura hortícola e da venda ou arrendamento das suas terras. Por conseguinte, não é de surpreender que, no passado recente, tenham desbravado cada vez mais as suas terras para a agricultura de regadio, assentamento humano e desenvolvimento de infra-estruturas, à custa da conservação da fauna bravia. Assim, este estudo pode concluir conclusivamente que a falta de benefícios financeiros diretos (benefícios monetários) do turismo baseado na vida selvagem é uma das principais causas da mudança de uso da terra na KWE.

A KWE está a registar uma elevada taxa de crescimento da população humana devido ao seu elevado potencial agrícola, favorecido pela disponibilidade de fontes naturais de água, de terras e de um mercado pronto. A agricultura de regadio atraiu uma grande população de migrantes de outras partes do país, como os condados de Makueni, Machakos, Kiambu, Nyeri e Nakuru. Tanto o aumento como a diminuição das populações locais têm um grande impacto na utilização das terras. A migração é o fator demográfico mais importante que causa mudanças rápidas no uso do solo na área de estudo. O aumento da população humana resulta numa maior pressão sobre os recursos naturais, como a terra, a água, as pastagens e a vegetação. O aumento da pressão sobre os recursos naturais pode levar ao seu esgotamento. O aumento da população humana na KWE resultou num aumento da procura de mais terras para a agricultura, a colonização e o desenvolvimento de infra-estruturas. Esta situação levou ao desmatamento de zonas húmidas, florestas e partes de pastagens que têm água e são adequadas para a agricultura. Estas áreas são zonas de dispersão da vida selvagem e foram agora substituídas por explorações agrícolas de regadio e povoações humanas. Isto não só levou à deslocação de ungulados selvagens nas áreas, mas também aumentou a taxa de conflitos entre humanos e animais selvagens.

As motivações, as memórias colectivas, as histórias pessoais, as atitudes, os valores, as crenças, as práticas culturais e as percepções individuais dos proprietários de terras influenciam as decisões de uso da terra, por vezes profundamente. Os factores culturais, tais como crenças, valores e práticas culturais, influenciaram grandemente a escolha do uso da terra na KWE, tal como foi referido pelos inquiridos. Os políticos utilizam a questão da terra para ascenderem ao poder, tal como foi referido pelos inquiridos. Assim, a política é uma possível causa da mudança de uso da terra na KWE.

Os resultados do estudo revelaram que a alteração dos padrões de utilização da terra na KWE tem efeitos profundos nas zonas húmidas e nas populações de ungulados selvagens, conforme indicado por 89% dos entrevistados. Os principais efeitos da alteração do uso da terra sobre os ungulados selvagens na KWE incluem o declínio do número de ungulados selvagens, o aumento significativo da incidência de conflitos entre humanos e animais selvagens (κ = 162,00, DF=1, 0,000), a deslocação de ungulados selvagens pelo gado, a invasão e fragmentação das zonas húmidas, a perda de habitats, a perda de áreas de dispersão da vida selvagem e a degradação da terra, que conduz à emergência de espécies vegetais invasoras.

O declínio do número de ungulados selvagens na KWE deve-se à conversão de zonas húmidas, florestas, bosques e prados em terras agrícolas, assentamentos humanos e zonas urbanas, secas prolongadas, caça furtiva e surtos de doenças. O declínio do número de ungulados selvagens na KWE entre 1979 e 2013 foi contemporâneo da fragmentação e perda de florestas, prados, bosques e zonas húmidas devido à expansão da agricultura de regadio, à colonização humana e às zonas urbanas, à degradação dos habitats, aos níveis de encabeçamento animal não regulamentados e ao pastoreio ilegal de gado em zonas protegidas. O estudo estabeleceu que, nas zonas onde existiam culturas agrícolas, povoações e áreas urbanas, as densidades de fauna bravia eram baixas. A ausência de ungulados selvagens nestas áreas pode ser atribuída a perturbações humanas, uma vez que os ungulados selvagens tendem a evitar áreas de grande atividade humana.

A população de corujas do Cabo registou um declínio significativo em 2007 e um aumento significativo relativo em 2010 de mais de 650%. O elevado aumento do número de corços pode dever-se ao facto de serem espécies resistentes que conseguem sobreviver a condições de seca. Estes sedimentos também são apoiados por Stuart e Stuart (2006), que argumentaram que os corços são espécies resistentes, que podem sobreviver a condições de seca.

As incidências de conflitos entre o homem e a fauna bravia, que eram raras no passado na área de estudo, tornaram-se agora frequentes. A destruição de culturas, os danos à propriedade, a predação do gado por carnívoros, os ferimentos humanos e a morte por animais selvagens são as principais formas de conflito entre o homem e a fauna bravia na KWE. Os danos às culturas são a forma mais grave de conflito entre o homem e a fauna bravia na área de estudo porque os agricultores estão a cultivar mais perto das áreas protegidas e ao longo das áreas de dispersão e reprodução da fauna bravia. O cultivo de culturas palatáveis, tais como couves, milho, batatas e feijão, que são altamente preferidas pela maioria dos ungulados selvagens, é outro fator que contribui para os danos às culturas na área de estudo. No passado, os Maasai viveram em harmonia com a vida selvagem, mas recentemente tem-se registado uma intolerância crescente aos leões devido à predação do seu gado. O facto mais importante que explica o aumento da predação do gado por carnívoros é o aumento do povoamento permanente e a competição por alimentos entre os ungulados selvagens e o gado. De acordo com os inquiridos, os conflitos entre humanos e animais selvagens foram mais graves entre os meses de abril e junho (36,5%) e entre outubro e dezembro (28,8%). Isto pode ser atribuído ao movimento de ungulados selvagens para fora das áreas protegidas durante a estação das chuvas e de volta para a área protegida durante a estação seca. Uma proposição apoiada pelo facto de estes serem os meses de chuva na área de estudo. Os agricultores não são indemnizados pela perda de colheitas, danos materiais e predação de gado por animais selvagens. Isto deve-se ao facto de o governo ter proibido o esquema de compensação em 1989, depois de este se ter revelado ineficaz e demasiado dispendioso. A falta de compensação pela perda de colheitas, de propriedade e de gado levou ao desenvolvimento de uma atitude negativa em relação à conservação e gestão da fauna bravia.

O gado contribui diretamente para a deslocação dos ungulados selvagens, em particular dos ungulados selvagens, através da competição por espaço e recursos. As estratégias de procura de alimentos e os padrões de migração sazonal dos ungulados selvagens e do gado são semelhantes. Isto sugere que existe uma competição direta por recursos entre a fauna bravia e o gado, que habitualmente conduz a conflitos entre o homem e a fauna bravia e à deslocação de ungulados selvagens, principalmente durante a estação seca, quando a água e a forragem são escassas. O estudo estabeleceu que a invasão de gado no Parque Nacional de Amboseli se faz normalmente a partir do lado sul do parque e pode ser atribuída às fontes de água e à disponibilidade de alimentos no parque. Estas alterações criaram uma série de ameaças aos ungulados selvagens e aos seus habitats no Parque.

O excesso de gado por parte dos pastores levou ao sobrepastoreio na área de estudo, particularmente nas áreas fora das zonas protegidas. Os impactos do sobrepastoreio, tal como observados durante a visita de campo da KWE, incluem a degradação da terra, a erosão do solo, o aparecimento de espécies de plantas invasoras, como a *Lantana camara e a Solanum inicanum. O Solanum incanum* é uma planta herbácea não-palatável resistente à seca que não tem qualquer inimigo natural e que se desenvolve bem em ecossistemas perturbados. O estudo constatou que se desenvolve bem em áreas que foram sobrepastoreadas, nas margens de povoações humanas e ao longo de áreas construídas. Domina a camada herbácea, impedindo assim o crescimento de espécies de gramíneas e a livre circulação de gado e ungulados selvagens.

O aumento das actividades turísticas afectou a dinâmica da população de animais selvagens no ecossistema. O desenvolvimento de instalações turísticas na KWE tem sido rápido em resposta ao número crescente de turistas. Numa tentativa de fazer com que os turistas vejam a vida selvagem a curta distância, as instalações turísticas, tais como estradas de observação de animais selvagens, trilhos e miradouros, foram construídas em áreas ecologicamente frágeis que servem de local de reprodução e de escultura para a maioria das espécies de ungulados selvagens. Embora o turismo possa ser extremamente compatível com a conservação, actividades turísticas excessivas ou descuidadas podem ser mais prejudiciais do que benéficas para o esforço de conservação dos ungulados selvagens.

CAPÍTULO 6: RESUMO, CONCLUSÕES E RECOMENDAÇÕES

6.1 Resumo das conclusões

Em resumo, os resultados do estudo revelaram que se registaram mudanças significativas nos padrões de utilização da terra na KWE durante o período de estudo de 33 anos. A maior mudança no uso da terra é o rápido aumento de terras agrícolas/cultivadas, povoações e áreas urbanas e estruturas físicas como a construção de estradas, escolas, centros de mercado, hotéis, alojamentos, parques de campismo e dispensários. Verifica-se um declínio notável das florestas, prados, zonas húmidas/pântanos e bosques. Isto deve-se ao facto de a agricultura, a construção de aglomerados humanos e de zonas urbanas, escolas, dispensários, hotéis, parques de campismo, pousadas, abrigos de gado e centros de mercado serem principalmente realizados em florestas, prados, zonas húmidas/pântanos e bosques.

Os resultados mostraram uma correlação positiva significativa entre as terras agrícolas e as zonas de povoamento (r=0,989, DF=2, P=0,001) e entre as terras agrícolas e outras terras (r=0,952, DF=2, P=0,013). Por outro lado, os resultados mostraram uma correção negativa significativa entre terras agrícolas e florestas (r=-0,989, DF=2, P= 0,001), terras agrícolas e prados (r=-0,989, DF=2, P= 0,001), terras agrícolas e zonas húmidas (r=-0,997, DF=2, P=0,004), terras agrícolas e bosques (r=-0,922, DF=2, P=0,026). Os resultados também mostraram uma correlação negativa entre povoamento e floresta (r=-0,986, DF=2, P=0,002), povoamento e pastagem (r=-0,980, DF=2, P= 0,004) e entre outras terras e zonas húmidas (r=-0,985, DF=2, P=0,015).

Com base nas conclusões do estudo, as principais causas das mudanças no uso da terra incluem a expansão da agricultura, o aumento da população humana, factores económicos como os elevados ganhos financeiros da agricultura irrigada em comparação com a pastorícia e o turismo baseado na vida selvagem e o mercado pronto, a mudança da política de posse da terra, a política e factores socioculturais como o nível de educação, a urbanização e a mudança cultural

O estudo concluiu que os principais efeitos da alteração dos padrões de utilização dos solos sobre os ungulados selvagens na KWE foram o declínio do número de ungulados selvagens, o aumento da incidência de conflitos entre o homem e a vida selvagem/animal, a perda de habitat/terras húmidas, a destruição de habitat, a perda de habitats de vida selvagem, a deslocação de ungulados selvagens pelo gado, o sobrepastoreio e a degradação dos solos, que resultou no aparecimento de espécies vegetais invasoras e na erosão dos solos. Estas alterações conduziram à conversão de habitats de vida selvagem em campos agrícolas irrigados, assentamentos humanos e zonas urbanas. Isto, por sua vez, resultou na perda de áreas de dispersão e reprodução da vida selvagem, na destruição de zonas húmidas, na perda de campos de pastagem na estação seca para ungulados selvagens e gado, na deterioração da integridade do ecossistema e no declínio da população de ungulados selvagens. Além disso, foram observadas perdas substanciais de cobertura do solo e fragmentação dos habitats. É extremamente urgente que todas as medidas necessárias, incluindo as propostas neste estudo, sejam consideradas para encontrar um equilíbrio entre a conservação da vida selvagem e o desenvolvimento económico, caso se pretenda inverter as tendências prejudiciais observadas de declínio da população de ungulados selvagens.

6.2 Conclusão

A alteração dos padrões de uso da terra na KWE levou à perda de áreas de pastagem essenciais para os ungulados selvagens na estação seca e ao declínio do número de ungulados selvagens nas últimas três décadas. Para aliviar a mudança dos padrões de uso da terra e contrariar os seus impactos sobre os ungulados selvagens e sobre as zonas húmidas, o estudo recomenda: o zonamento da KWE em três categorias (zonas de vida selvagem, zonas de povoamento e zonas agrícolas); o estabelecimento de um esquema eficaz e transparente de partilha de benefícios para a vida selvagem; o estabelecimento de um sistema de gestão eficaz e transparente para gerir as áreas de conservação comunitárias; a reabilitação do santuário comunitário de vida selvagem de Kimana; e a adoção da agricultura de conservação. O futuro da vida selvagem na KWE está condenado, a menos que sejam adoptadas medidas adequadas para inverter as tendências prejudiciais observadas. É extremamente urgente que todas as medidas necessárias, incluindo as propostas neste estudo, sejam tomadas em consideração para se conseguir um equilíbrio entre a conservação da fauna bravia e o desenvolvimento económico, caso se pretenda inverter as tendências prejudiciais observadas.

6.3 Recomendações

Para alcançar um equilíbrio entre a conservação da fauna bravia e o desenvolvimento económico na KWE, o estudo apresenta as seguintes recomendações a curto e longo prazo. A matriz de planificação neste capítulo fornece uma descrição mais detalhada destas recomendações no contexto dos objectivos da investigação. O estudo recomenda a formulação de um plano de monitorização e avaliação para acompanhar a matriz de planeamento. Os regulamentos de auditoria fornecidos pela Autoridade Nacional de Gestão do Ambiente (NEMA) também devem ser utilizados para avaliar as implicações ambientais da implementação da matriz de planeamento.

6.3.1 Recomendações a curto prazo

- Monitorização regular dos ungulados selvagens da KWE para determinar as tendências, a distribuição e os movimentos da população.
- Formação da comunidade agrícola sobre as melhores práticas agrícolas.
- Criação de fontes alternativas de subsistência para a comunidade que vive na KWE, a fim de aliviar a pressão sobre as zonas húmidas e outros habitats importantes da vida selvagem
- Auditoria Ambiental (AA) de todas as actividades de desenvolvimento no ecossistema a realizar para determinar os impactos das actividades de utilização da terra sobre os ungulados selvagens e as zonas húmidas
- Melhoria das raças de gado locais através de cruzamentos

- As Comunidades devem criar uma Associação de Utilizadores de Recursos Hídricos (WRUA) para gerir a zona húmida
- Reabilitação do santuário de vida selvagem da comunidade de Kimana
- Criação de uma base de dados de conflitos entre humanos e animais selvagens baseada em SIG para a KWE
- Reabilitar e manter as barreiras de vida selvagem para minimizar os conflitos entre humanos e animais selvagens.
- Reduzir o custo de viver com a vida selvagem através da implementação de medidas prudentes para gerir os crescentes conflitos entre o homem e a vida selvagem no ecossistema
- Proibir a produção comercial de carvão vegetal na KWE.
- Criar uma base de dados de informações sobre monitorização ecológica e investigação e reforçar a divulgação de informações científicas.
- Realização regular de operações de desbaratização
- Coordenação adequada das actividades dos batedores de caça comunitários para aumentar a segurança da vida selvagem fora das áreas protegidas.
- Construção da rede de esgotos de Kimana e da cidade de Isinet
- Preparar programas de rádio e televisão locais e nacionais sobre a conservação da KWE
- Impedir o desenvolvimento de instalações turísticas nas rotas migratórias da vida selvagem na KWE
- Criação de um programa de controlo turístico para a KWE
- Renegociação dos contratos de arrendamento de instalações de alojamento turístico, santuários de vida selvagem e áreas concessionadas pelas partes interessadas
- Criação de um centro de informação turística na cidade de Kimana.

6.3.2 Recomendações a longo prazo

- Desenvolvimento e promulgação de políticas e leis para uma gestão eficaz dos santuários comunitários de vida selvagem no país.
- Adoção de um sistema sustentável de agricultura de regadio em pequena escala, associado a tecnologias modernas e eficientes de poupança de água que reduzam o desperdício de água e optimizem o rendimento elevado das culturas.
- Cada grupo fez um rancho para desenvolver planos de utilização dos solos que se baseiam na adequação dos terrenos às utilizações actuais e potenciais.
- Fornecer incentivos, através de uma servidão ambiental, aos investidores do sector do turismo, a

fim de facilitar a criação de zonas privadas de conservação da vida selvagem nas terras limítrofes do parque.

- Estabelecimento de programas de gestão ecológica, que vão garantir que os componentes e processos ecológicos que moldam a KWE sejam claramente compreendidos, geridos de forma sustentável e que as ameaças aos principais processos ecológicos sejam minimizadas.
- Criação de áreas comunitárias de conservação da vida selvagem em cada rancho do grupo para salvaguardar os corredores de vida selvagem e criar mais terras para a conservação da vida selvagem.
- Estabelecer contactos com as comunidades locais para envolver todos nos esforços de conservação da vida selvagem e melhorar as operações de segurança.
- Adoção de estratégias de combate à seca e de mitigação que garantam que a perda de gado seja minimizada quando ocorre uma seca.
- Recolha de água da chuva para utilização durante a estação seca
- Reabilitação dos vales para gado não funcionais na zona.
- Desenvolvimento de diretrizes de comercialização de gado para evitar a exploração dos pastores por intermediários
- Criação de um museu cultural Maasai na cidade de Kimana.
- Efetuar o inventário dos recursos naturais da KWE.

6.4 Áreas para estudos futuros

- O ecossistema das zonas húmidas de Kimana é uma zona importante para as aves e o habitat de um grande número de aves das zonas húmidas. As alterações na utilização dos solos têm geralmente efeitos profundos na população de aves. Por conseguinte, é necessário efetuar mais estudos para determinar o estado dos conjuntos de espécies de aves no ecossistema. É igualmente necessário efetuar mais estudos ornitológicos que visem as espécies de aves migratórias e residentes no ecossistema.
- O Santuário Comunitário de Vida Selvagem de Kimana foi o primeiro santuário comunitário a ser criado no Quénia, em 1996, mas, devido a sistemas de gestão deficientes, entrou em colapso. Por conseguinte, é necessário efetuar mais estudos para determinar a eficácia do envolvimento da comunidade na conservação e gestão da vida selvagem.
- É necessário estudar a hidrologia da bacia hidrográfica do Kilimanjaro e a sua contribuição para o sistema de pântanos de Kimana, a linha de vida da biodiversidade da KWE.
- Foram postas em prática muitas políticas de conservação e gestão da fauna bravia para conservar e gerir a fauna bravia. Por conseguinte, é necessário efetuar uma análise das políticas de conservação e gestão da fauna bravia no Quénia com vista a determinar a sua eficácia.

MATRIZ DE PLANEAMENTO PARA A GESTÃO INTEGRADA DE KWE

Componentes de planeamento				**Período de tempo (anos)**			**Actores**	**Indicadores de desempenho**	**Custo**
Objectivos	**Questões**	**Estratégia**	**Actividades**	&	**6-10**	**11-15**			KHS/ 000
Mapear as mudanças no uso da terra no ecossistema das zonas húmidas de Kimana de 1980 a 2013	- Alteração das utilizações do solo na zona	- Cartografia das actuais utilizações do solo na zona	• Cartografar as utilizações do solo na zona • Cartografia das massas de água na zona • Aquisição de imagens de satélite e mapas • Produção de mapas	√			• Inquéritos • OBCs/ONGs • KWS$_5$ NEMA • SFS • Comunidades • GRs$_5$ CG	- Número de mapas produzidos	300
		- Cartografia das utilizações anteriores do solo na zona	• Aquisição de imagens de satélite e mapas • Estabelecimento das utilizações anteriores do solo na zona • Estabelecimento dos padrões de utilização dos solos em mutação				• Inquéritos • OBCs/ONGs • KWS$_5$ NEMA • SFS • Comunidades • GRs • CG	- Número de mapas produzidos	300
	- Inventário dos recursos da zona	- Documentação de todos os recursos da zona	• Realização de um inventário de todos os recursos turísticos e faunísticos • Realização do inventário dos sítios históricos e culturais	·√			• KWS$_5$ NEMA • GRs • CG • OBCs/ONGs • KTB	• Lista de controlo dos recursos turísticos e da vida selvagem • Lista de sítios culturais	200
	- Em conflito	- Zoneamento do	- Zonagem da agricultura	·√			- Físico	- Nº de terrenos	250
	usos do solo	areainto várias utilizações do solo	áreas • Zonagem das zonas de povoamento • Zonagem da zona de vida selvagem • Zonagem das zonas húmidas • Zonagem das zonas de pastagem				planeadores • Inquéritos • OBCs/ONGs • KWS/NEMA • Comunidade • GRs/CG	zonas de utilização • Zona total • Redução dos conflitos de utilização dos solos	
		- Demarcação do zonas húmidas	• Demarcação de todos os zonas húmidas • Regulamento do				- OBCs/ONGs • KWS/NEMA • GRs/CG • Comissão de	• Aviso de publicação legal • Zonas húmidas	350

			zonas húmidas como área protegida			terras	demarcadas	
Determinar as possíveis causas das alterações do uso do solo em Ecossistema das zonas húmidas de Kimana	- Expansão agrícola	- Zonagem de aterro sanitário agricultura	• Determinação da superfície a afetar à agricultura • Cartografia da superfície agrícola • Demarcação do zona agrícola			- OBCs⁄ONGs • Comunidade • GRs • CG • NEMA	- Dimensão do terreno destina do agricultura	IOO
		- Adoção da agricultura de conservação	• Educação sobre as melhores práticas agrícolas • Introdução de um sistema de irrigação económico e eficiente que poupa água método • Estabelecimento de WRUA • Fornecimento de culturas resistentes à seca			• MOA • WRMA • MOF • OBCs⁄ONGs • Comunidade • CG • NEMA	• N.º de agricultores formados • Adoção da agricultura de conservação • Controlo • Introdução de culturas de seca	350
							- Noof Criação da WRUA	
		- Disponibilização de fontes alternativas de subsistência	• Introdução da apicultura e da aquicultura • Formação dos agricultores sobre as melhores práticas agrícolas			- OBCs⁄ONGs • Comunidade • GRs • CG • NEMA	- Fontes alternativas adoptadas - Agricultores formados	500
	- Loteamento de terrenos	- Revisão de leise políticas	• Educação e sensibilização • Revisão de leis e políticas • Fixação de uma superfície mínima	Λ/		- OBCs⁄ONGs • KWS5 NEMA • GRs5 CG • Comissão de terras	• Loteamento reduzido • Leis revistas e políticas	100
		- Servidão ambiental para desencorajar novas subdivisões	• Educação e sensibilização • Adoção das leis necessárias • Fazer lobbying para a adoção da ideia • Implantação da lei	Λ/	Λ/	• OBCs⁄ONGs • KWS5 NEMA • Comunidade • GRs • CG • Comissão de terras	• Tamanho da terra reservada para a conservação da vida selvagem • Controlo e avaliação	1000
	- Posse da terra	- Revisão da	• Sensibilização do			- OBCs⁄ONGs	- Redução dos conflitos	580

		legislação e políticas	público • Controlo e vigilância • Criação de mecanismos locais para resolução de problemas				• KWS, NEMA • Comunidade • GRs, CG • Comissão de terras	relativos à posse da terra	
			litígios de propriedade						
		- Mudança cultural	- Educação e sensibilização				- OBCs/ONGs - CG	- N.º de pessoas formadas	IOO
	- Aumento da população humana	- Planeamento familiar	• Planeamento familiar programa • Sensibilização				- CG - OBCs/ONGs	- Redução da taxa de natalidade - Controlo	400
	- Falta de benefícios financeiros do turismo baseado na vida selvagem	- Partilha de benefícios	• Adoção de uma política de partilha de benefícios • Estabelecer mecanismos eficazes e transparentes de partilha de receitas • Sensibilização		∧/		- OBCs/ONGs • Comunidade • CG • KWS • KTB • Proprietários de terrenos	- Política operacional - Mecanismo de partilha de benefícios em vigor	50
		- Renegociação do contrato de arrendamento acordo	• Lobbying • Revogação de todos os contratos de arrendamento • Renegociação do contrato de arrendamento				- OBCs/ONGs • Comunidade • KWS • KTB • Proprietários de terrenos	- Novo contrato de arrendamento	200
Examinar os efeitos das alterações do uso da terra sobre os ungulados selvagens no ecossistema das zonas húmidas de Kimana	- Diminuição do número de animais selvagens	- Garantir mais aterros sanitários vida selvagem	• Lobbying e defesa de interesses • Estabelecimento de áreas de conservação		∧/		- KWS, MOF - OBCs/ONGs - Ranchos	- Não tem Conservancies estabelecidas	2000
		- Aplicação da lei	- Recrutamento • Reforço das capacidades • Sensibilização				- KWS, MOF - OBCs/ONGs - Ranchos	- Não recrutado - Sem formação	1000
	- Conflitos entre humanos e animais selvagens	- Atenuar o HWC	• Sensibilização • Vedação de terrenos agrícolas na zona de Kimana e mbirikani				- KWS, MOF - OBCs/ONGs - GRs	- Redução da incidência de conflitos - Aumento	1000
			• Reabilitação de vedação vandalizada				- CG - NEMA	área vedada - Vedação	

			na zona de Kimana e Nemalok • Estabelecimento de uma zona-tampão perto das zonas agrícolas • Mapeamento dos pontos críticos de HWC na zona					funcional - Mapa dos pontos críticos do HWC	
		- Criação de uma base de dados de conflitos entre humanos e animais selvagens baseada em SIG	• Desenvolver uma ferramenta de recolha de dados baseada no SIG • Formação sobre a utilização do SIG • Conceber uma base de dados GIS HWC				• KWS Rangers • Escuteiros comunitários • Investigador es	• Número de pessoas formadas • Base de dados operacional	
	- Degradação dos solos	- Banon produção comercial de carvão vegetal	• Cartografia dos focos de combustão de carvão vegetal • Aplicação da lei • Fornecimento de fontes alternativas de energia • Plantação de árvores programas				- KWS5 NEMA - OBCs⁄ONGs • GRs5 CG • Polícia do Quénia	• Número de hotspots mapeados • Controlo • Fonte alternativa de energia • Número de árvores plantadas	200
		- Medidas de conservação do solo e da água	• Sensibilizar os agricultores para a importância da conservação do solo e da água • Monitorizar a qualidade e a quantidade de água nos principais locais				• KWS5 NEMA • OBCs⁄ONGs • GRs • Comunidade • CG	• Não tem agricultores sensibilizados • Controlo • Noof	
			pontos de água - Estabelecimento de programas de conservação do solo e da água					programa estabelecido	
	- Sobrearmazenamento de animais	- Desarmazenagem	• Hibridação de raças locais • Introdução de raças de gado de alta qualidade • Sensibilização • Estabelecimento de Livestockoff-take programas				• MOL • KWS • OBCs⁄ONGs • GRs • Comunidade • CG • NEMA	• Número de novas raças introduzidas • Nocattle inseminados através de IA	

- Invasão zona húmida	- Reforçar a proteção das zonas húmidas	• Criação de uma associação de zonas húmidas • Recuperação de zonas húmidas				• KWS₅ NEMA • WRMA • OBCs⁄ONGs • GRsZCG	- Associação estabelecida - Habitat restaurado	530
- Bloqueio das zonas de dispersão	- Proteção das zonas de dispersão	• Sensibilização • Cartografia das zonas • Aplicação da lei • Alteração de utilizações incompatíveis do solo		Λ/		• KWS₅ NEMA • MOF • OBCs⁄ONGs • GRs₅ CG • Comunidade	- Controlo - Áreas de dispersão seguras	600
- Povoamento humano não planeado/ cidade	- Utilização do solo planeamento	• Zonagem das zonas de ocupação humana • Elaboração de um plano de ordenamento do território		Λ/		- KWS₅ NEMA - CGZMOF - CBOsZNGOs - GRs	• Não tem liquidação planeada • Controlo	530
-	- Controlo do desenvolvimento	- Demolição de construído de forma não planeada estrutura - Construção de uma estação de tratamento de águas residuais em Kimana e na cidade de Isinet				- CG - NEMA	- Estruturas planeadas - Controlo - Estação de tratamento de águas residuais em funcionamento	620
- Caça furtiva	- Aplicação da lei	• Revisão da lei sobre a vida selvagem • Estabelecimento de uma equipa de remoção de laços • Reforço das capacidades • Recrutamento				- OBCs⁄ONGs • GRs • Comunidade • CG • NEMA	• Aumento das penas para os infractores da lei • Redução dos crimes contra a vida selvagem	2000
- Falta de plano de gestão para Zona húmida de Kimana	- Desenvolvimento do plano de gestão das zonas húmidas de Kimana	• Inventário dos recursos do pântano de Kimana • Seminários de planeamento com as partes interessadas		Λ/		- OBCs⁄ONGs • GRs • Comunidade • CG • NEMA	• Lista de inventário • Plano de gestão • Controlo	1000
- Aumento das actividades turísticas	- Controlar e regular o desenvolvimento de infra-estruturas na zona	• Actividades turísticas no plano de ordenamento do território • Aplicação da lei • Avaliação de terrenos para turismo baseado na vida				- OBCs⁄ONGs • GRs • KTB • CG • NEMA	• Plano de ocupação do solo • Inspeção regular • Controlo	200

			selvagem						
	- Turismo baseado na vida selvagem	- Melhorar o turismo baseado na vida selvagem	• Inventário dos recursos turísticos da zona • Cartografia das atracções turísticas • Mercado das GR como destino turístico				- OBCs/ONGs • GRs • KTB • Comunidade • CG • NEMA	• Lista de inventário • Recursos mapeados • Aumento da visitação	1000

REFERÊNCIAS

Adams, W. e Hulme, D. (2001) "*Conservation and Community: Changing Narratives, Policies and Practices in African Conservation*", em D. Hulme e M. Murphree (eds.) African Wildlife and Livelihoods: The Promise and Performance of Community Conservation, Heinemann, Portsmouth, NH e James Currey, Oxford.

Adeniyi, P.O. (1980) *Land use changes Analysis using sequential Aerial Photograph and Computer techniques*. Photogrammetric Engineering and Remote Sensing

Agrawal, A. e Gibson, C. (1999) "*Enchantment and Disenchantment: The Role of Community in Natural Resource Conservation*", World Development

Plano de Gestão do Ecossistema de Amboseli (AEP) 2008-2018 (2008), Serviço de Vida Selvagem do Quénia, Nairobi

Barnes, J.I., Schier, C. e van Rooy, G. (1999) A vontade dos turistas de pagar pela observação e conservação da vida selvagem na Namíbia. S. African Journal of Wildlife Research.

Barrow E. e Murphree, M. (2001) "*Community Conservation: From Concept to Practice*", em D. Hulme e M. Murphree (eds.) African Wildlife and Livelihoods: The Promise and Performance of Community

Belda, F. and Melia, J. (2000) *Relationships between Climatic Parameters and Forest Vegetation*: Aplicação a uma área ardida em Alicante (Espanha). Ecologia e Gestão Florestal.

Berkes, F. (2004) "*Rethinking Community-Based Conservation*", Conservation Biology

Bierregaard, Richard; Claude Gascon, Thomas E. Lovejoy, e Rita Mesquita (eds.) (2001) Lessons from Amazonia: *A Ecologia e a Conservação de uma Floresta Fragmentada.*

Bolger, D.T., Newmark, W.D., Morrison, T.A. e Doak, D.F. (2008) The need for integrative approaches to understand and conserve migratory ungulates. Ecol. Lett.

Campbell D.J., Gichohi H, Mwangi A, Chege L. (2000) *Land use conflict in Kajiado District, Kenya.* Land use Policy Chicago Press, Chicago e Londres.

Campbell, D. J., Gichohi, H., Ried, R., Mwangi, A., Chege, L., e Sawin, T. (2003b) Interações entre as Pessoas e a Vida Selvagem no Distrito de Kajiado Sudeste, Quénia. Land Use Change Impacts and Dynamics (LUCID) Working Paper 18, International Livestock Research Institute (ILRI), Nairobi.

Campbell, D. J., Lusch, D. P., Smucker, T., e Wangui, E. E. (2003a) *Root causes of land use change in the Loitokitok area, Kajiado District, Kenya.* Documento de trabalho LUCID nº 19, Instituto Internacional de Investigação Pecuária, Nairobi, Quénia.

Campbell, D.J. (1986) *The prospect for desertification in Kajiado district*, Kenya. Jornal Geográfico.

Caro, T. e Scholte, P. (2007) *When protection falters*. Afr. J. Ecol.

Cihlar, J., Laurent, L., and Dyer, J. A. (1991) *The Relation between Normalized Difference Vegetation Index and Ecological Variables.* Remote Sensing of Environment.

Distefano, E. (2004) Human-Wildlife Conflict Worldwide: collection of case studies, analysis of management strategies and good practices. FAO.

Dudley, N. (ed.) (2008) *Guidelines for Appling Protected Areas Management Categories.* IUCN: Gland, Suíça.

Duerksen, C. e Snyder, C. (2005) *Nature Friendly Communities: Habitat Protection and Land Use Planning*; Island Press: Washington, D.C., EUA.

Eklundh, L. (1998) *Estimativa das relações entre o AVHRR NDVI e a precipitação na África Oriental em escalas temporais de 10 dias e mensais.* Int. J. Remote Sensing.

Falahatkar, S., Soffianian, A.R., Khajeddin, S.J., Ziaee, H.R. e Ahmadi Nadoushan, M. (2011) *Integration of Remote Sensing data and GIS for Prediction of Land cover map.* Geomática e Geociências.

Flannery, T. (2001) *The Eternal Frontier: an Ecological History of North America and its Peoples.* Atlantic monthly press, Nova Iorque.

Geist H. J., Lambin E. F. (2002) *Proximate causes and underlying driving forces of tropical deforestation. BioScience*

Geist, H., McConnell, W., Lambin, E. F., Moran, E., Alves, D., & Rudel, T. *(2006)* Causes and trajectories of land-Use/Cover change. *In E. F.*

Lambin, & H. Geist (Eds.), *Land-use and land-cover change local processes and global impacts* (1ª Ed.). Alemanha: Springer

Gibson, C.C., Ostrom, E., Ahn, T.K., (2000). *O conceito de escala e as dimensões humanas das alterações globais: um estudo.* Ecol. Econ.

Gibson, P.J. e Power, C.H. (2000). *Introdução à deteção remota: Digital image processing and applications.* Routledge, Nova Iorque

Gibson, R., (2005). *Sustainability Assessment Criteria, Processes and Applications.* Earth scan Londres

Gordon Iain J. (2009). *Qual é o futuro dos grandes herbívoros selvagens em paisagens agrícolas modificadas pelo homem?* Wildl. Biol.

Governo do Quénia, (1975). *Sessional Paper No. 3 of 1975: Statement on Future Wildlife Management Policy in Kenya*". The Government Printer, Nairobi, Quénia

Governo do Quénia, (1989). "*Lei sobre a Vida Selvagem (Conservação e Gestão), Capítulo 376, Leis do Quénia.* The Government Printer, Nairobi, Quénia Governo do Quénia, (1999). "*Lei da Autoridade de Gestão e Coordenação Ambiental (EMCA)*". Imprensa do Governo, Nairobi, Quénia

Governo do Quénia, (2008). *Plano de Desenvolvimento do Distrito de Loitokitok 2008-2012*, The Government Printer, Nairobi, Quénia,

Governo do Quénia, (2012). *Política Nacional de Conservação e Gestão da Vida Selvagem, 2012*

Grunblatt, J., Said. M., Waragute, P. (1996). *Relatório Nacional de Pastagens* da DRSRS. *Resumo das Estimativas Populacionais para a Vida Selvagem e o Gado.* Kenyan Rangelands 1977-1994. Projeto, Ministério do Planeamento e Desenvolvimento Nacional, DRSRS.

Hackel, J.D. (1998). *Conservação comunitária e o futuro das espécies africanas*

Vida selvagem. Biologia da Conservação.

Hess, T., Stephens, W. e Thomas, G. (1996). *Modelação do NDVI a partir de dados de precipitação decadal na zona árida do Nordeste da Nigéria.* Jornal de Gestão Ambiental

Hobbs, N. T., Baker, D. L., Bear, G. D. e Bowden, D. C. (1996). *Ungulate Grazing in Sagebrush Grassland: efeitos da competição de recursos na produção secundária.*

Houghton RA (1994). *The Worldwide Extent of Land Use Change.* Bioscience, Inamdar, A., Jode de H., Lindsay.K, e Cobb.S. (1999). *Capitalizing on Nature: Protected Area Management.* Science

Irigia BK. (1995). *Avaliação do impacto ambiental do Serviço de Vida Selvagem do Quénia sobre o proposto Santuário de Vida Selvagem de Kimana. Serviço Comunitário de Vida Selvagem,* KWS, Nairobi, Quénia.

IUCN, (2006). *Lista Vermelha de Espécies Ameaçadas da IUCN.* Url: http://www.iucnredlist.org.

Justice, C.O., J.R.G. Townshend, B.N. Holben, e C.J. Tucker, (1985) *Analysis of the Phenology of Global Vegetation using Meteorological Satellite Data*, Int. J. Remote Sensing.

Katampoi K, Genga G, Mwangi M, Kipkan J, Seitah J, Van Klinken M, Mwangi SM. (1998) *Kajiado District Atlas. ASAL Lichtenfeld LL. Local Participation and Conservation in Kenya: A Case Study if the Kimana Community Wildlife Sanctuary.* Universidade de Yale, Escola de Silvicultura e Estudos Ambientais, New Haven, Connecticut, EUA.

Katampoi, K. O., G. O. Genga, M. Mwangi, J. Kipkan, J. Ole Seitah, M. K. Van Klinken, e M. S. Mwangi. (1990) *Kajiado District Atlas. Programa de Terras Áridas e Semi-Áridas,* Kajiado, Quénia.

Kent, G. (1993) *Analyzing Conflict and Violence,* Peace and Change, Vol.18.Bo.4 Kiai, S.P.M. e Mailu, G.M. (1998) *Kenya country paper: Wetland classification for agricultural development in eastern and southern Africa.* Sítio Web SAFR da FAO.

Kimanzi, J. K., e Wishitemi, B. E. L., (2001) Effects of land use changes on herbivores of Masai Mara Ecosystem. *Revista Internacional de Estudos Ambientais.*

Kioko, J. M. (2005) *Distribuição espácio-temporal dos elefantes africanos (Loxodonta Africana, Blumenbach) e as suas interações com os seres humanos In*

Área de Kuku - Kimana do ecossistema de Tsavo-Amboseli, Quénia. Tese de Mestrado, Universidade de Greenwich, Reino Unido.

KWS (1990) *A policy framework and Development Programme, 1991-1996*, Nairobi, Quénia

KWS (1994) *Wildlife/Human Conflicts in Kenya*. Relatório do grupo de análise de 5 pessoas, Nairobi, Quénia.

KWS (1995) *Estudo de Utilização da Fauna Bravia: Relatório 5*: Política e Institucional. Fundação Africana da Vida Selvagem, Nairobi.

KWS (1996) *Wildlife Policy 1996*, Serviço de Vida Selvagem do Quénia, Nairobi.

Lambin, E. F., Geist, H. J., & Lepers, E. (2003) *Dynamics of land-use and land-cover change in tropical regions*. Revista Anual de Meio Ambiente e Recursos

Lambin, E. F., Geist, H., & Rindfuss, R. R. (2006) *Introdução: Processos locais com impactos globais*. Em E. Lambin F., & H. Geist (Eds.), *Landuse and land-cover change local processes and global impacts* (1ª ed.). Alemanha: Springer

Lambin, E. F., H. Geist, e Rindfuss, R. (2006). *Processos locais com impactos globais*. (Em E.F. Lambin e H. J. Geist (Eds.). Land use and land cover change: Local processes and global impacts, pp. 1-8. Springer, Berlim).

Lambin, E. F., Turner, B. L., Geist, H. J., Agbola, S. B., Angelsen, A., Bruce, J. W., Coomes, O. T., Dirzo, R., Fischer, G., Folke, C., George, P. S., Homewood, K., Imbernon, J., Leemans, R., Li, X., Moran, E. F., Mortimore, M., Ramakrishhnan, P. S., Richards, J. F., Skanes, H., Steffen, W., Stone, G. D., Svedin, U., Veldkamp, T. A., Vogel, C., e Xu, J., (2001) The causes of land-use and land-cover change: moving beyond the myths. *Global Environmental Change*.

Lambin, E.F, Geist, H. e Lepers, E. (2003) *Dynamics of land use and cover change in tropical regions*. Annual Review of Environment and Resources.

Lampreia RH, Mitchelmore F (1996) *Survey of wildlife in protected areas of Uganda*. Kampala, Uganda, Ugandan Wildlife Authority.

Leemans R., Lambin E. F., McCalla A., Nelson J., Pingali P., Watson B.

(2003). *Factores de mudança nos ecossistemas e seus serviços*. Em Ecosystems and Human Well-Being: A Framework for Assessment, *ed. H. Mooney, A. Cropper, W. Reid. Washington, DC: Island Press.*

Lichtenfeld LL. (1998) *Local Participation and Conservation in Kenya: A Case Study if the Kimana Community Wildlife Sanctuary*. Universidade de Yale, Escola de Estudos Florestais e Ambientais, New Haven, Connecticut, EUA. A 12ª Reunião Anual da Sociedade de Biologia da Conservação.

Loibooki, M., Hofer, H., Campbell, K.L.I. e East, M.L. (2002) *Bush meat hunting by communities adjacent to the Serengeti National Park, Tanzania: the importance of livestock ownership and alternative sources of protein and income*. Environmental Conservation.

MacArthur RH, Wilson. (1976) *The theory of island biogeography*. Princeton University Press, Princeton, Nova Jersey, EUA,

Maitima, M. Joseph, Simon M. Mugatha, Robin S. Reid, Louis N. Gachimbi, Amos Majule, Herbert Lyaruu, Derek Pomery, Stephen Mathai e Sam Mugisha (2009) *The linkages between land use change, land degradation and biodiversity across East Africa*, African Journal of Environmental Science and Technology Vol. 3 (10). *Jornal de Turismo Sustentável.*

Maltby,E., (1999) Some European Perspectives on the Ecosystem Approach. In *Report of the scientific workshop on "The ecosystem approach- what does it mean for European ecosystems?"* Agência Federal Alemã para a Conservação da Natureza.

Martin, P.S., (1984) *Prehistoric overkill: the global model.* In: Martin, P.S., Klein, R.G. (Eds.), Quaternary Extinctions: A Prehistoric Revolution. University of Arizona Press, Tuscon.

Matiko, N.L (2000) *Perspective on Sustainable Utilization of Wildlife Resources in Kenya*. Tese de Mestrado, Instituto Durrell de Conservação e Ecologia, Universidade de Kent em Canterbury, Reino Unido.

Mburu, J., R. Birner, e Zeller M. (2003) *Relative importance and determinants of landowners' transaction costs in collaborative wildlife management Kenya*: an empirical analysis. Ecological Economics.

McClanahan T R, Irigia BK, (1995) *Kenya Wildlife Service Environmental Impact Assessment of the Proposed Kimana Wildlife Sanctuary*. Serviço Comunitário de Vida Selvagem, KWS, Nairobi, Quénia, 1995.

Michael C Hogan. (2009) *Cão de Caça Pintado* (Lycaon pictus), GlobalTwitcher.com, ed. N. Stromberg

Mutugi, R. (2003) *Changes in Wildlife Numbers and Conservation in Embu and Mbeere Districts, Eastern Province, Kenya.* Documento de trabalho Lucid nº 37

Newmark WD. (1993) *The role and designing of wildlife corridors and examples from Tanzania*. Ambio

Noe C. (2003) *The Dynamics of land use changes and their impacts on the wildlife corridor between Mt. Kilimanjaro and Amboseli National Parks. Documento de trabalho LUCID nº 31*. Instituto Internacional de Investigação Pecuária. WWW.Lucideastafrica.org.

Norton-Griffiths, M., Said, M.Y., Serneels, S., Kaelo, D.S., Coughenour, M., Lampreia, R.H., Thompson, D.M. e Reid, R.S. (2009) *Land use economics in the Mara area of the Serengeti ecosystem*. Em Serengeti III: interações homem-vida selvagem: Packer, C. e Sinclair, A.R.E. (Eds). Chicago: University of Chicago Press.

Ntiati P. (2002) *Ranches subdivision study in Loitokitok division of Kajiado district, Kenya.* Land Use Change Impacts and Dynamics (LUCID), Instituto Internacional de Investigação Pecuária, Nairobi, Quénia.

Nyeki, D.M. (1992) *Wildlife Conservation and Tourism in Kenya.* Kenya *Wildlife Service, Nairobi, Quénia.*

Ogutu, Z.A. (2002) *The impact of ecotourism on livelihood and natural resource management in Eselenkei*, Amboseli ecosystem, Kenya. Land Degradation and Development.

Ojima, D. S., Galvin, K. A., & Turner, B. L.,II. (1994) *The global impact of land-use change. BioScience, 44*(5)

Ojima, D. S., Galvin, K. A., & Turner, B. L.,II. (1994) *The global impact of* land-use change. BioScience, 44*(5)*

Okello MM, e D'amour DE (2008). *Expansão agrícola dentro das cercas eléctricas de Kimana e implicações para a conservação dos recursos naturais em torno do Parque Nacional de Amboseli, Quénia.* J Arid Environ

Okello MM, Kiringe JW (2004). *Threats to biodiversity and their implications in protected and adjacent dispersal area of Kenya (Ameaças à biodiversidade e suas implicações em áreas protegidas e de dispersão adjacentes no Quénia*). J Sustainable Tourism.

Okello MM, Manka SG, D'Amour DE (1990). *The Relative Importance of Large Mammal Species for Tourism in Amboseli National Park, Kenya (A importância relativa das espécies de grandes mamíferos para o turismo no Parque Nacional de Amboseli, Quénia*). Tour Manage;.Programme Kajiado, Kajiado.

Okello, MM, Eric B, Benjamin M e Henry C. K. (2011) *Community Opinions on Wildlife, Resource Use and Livelihood Competition in Kimana Group Ranch Near Amboseli, Kenya,* Conservation Biology Journal,

Okello, MM. (2005). *Land use changes and human-wildlife conflict in the Amboseli area,*

Okello, MM. (2009) *Contraction of Wildlife Dispersal Area and Displacement by Human Activities in Kimana Group Ranch Near Amboseli National Park, Kenya*, Conservation Biology Journal.

Okello, MM. e J.W. Kiringe, (2004). *Ameaças à biodiversidade e suas implicações em áreas de dispersão protegidas e adjacentes do Quénia.*

Omondi, P. Muruthi P. Murithi. P. e Bitok, E. (2002) *Total aerial count of Elephants in Amboseli Longido Ecosystem.* Serviço de Vida Selvagem do Quénia.

Owiti, G.O, Nyamasyo Stephen, Malel Eva e Onyuro Roselyn. (2011). *Impacto das alterações climáticas nos conflitos entre humanos e animais selvagens na África Oriental.* Jornal da Associação Veterinária do Quénia, Nairobi.

Peterson, L.K., Bergen, K.M., Brown, D.G., Vashchuk, L. e Blam, Y. (2009) *Forested land covers patterns and trends over changing forest management eras in the Siberian Baikal region.* Forest Ecology and Management.

Prins, H.T. (1992) *The pastoral road to extinction: A competição entre a vida selvagem e a pastorícia tradicional na África Oriental.* Conservação Ambiental 19:117-123

Reed, J. D. (1983) *The Nutritional Ecology of Game and Cattle on a Kenyan Ranch*. Tese de doutoramento, Universidade de Cornell.

Rouse, J. W., Haas, R. H., Schell, J. A., Deering, D. W., e J. C. Harlan (1973). *Monitoring the Vernal Advancements and Retroradation (Greenwave Effect) of Nature Vegetation (Monitorização dos Avanços Vernais e da Retroradação (Efeito Onda Verde) da Vegetação Natural)*. Relatório Final NASA/GSFC, NASA, Greenbel

Rutten, M. (1992) *Selling Wealth to Buy Poverty:* The process of individualization of land ownership among the Maasai pastoralists of Kajiado district, Kenya. Verlag Breitenbach, Saarbrucken.

Sala, O. E., Chapin, F. S., Armesto, J. J., Berlow, E., Bloomfield, J., Dirzo, R., Huber-Sanwald, E., Huenneke, L. F., Jackson, R. B., Kinzig, A., Leesman, R., Logde, D. M., Mooney, H. A., Oesterheld, M., Poff, N. L., Sykes, M. T., Walker, B. H., Walker, M., e Wall, D. H., (2000) *Biodiversity: global biodiversity scenarios for the year 2010. Science.*

Seno, S.K. e Shaw, W.W. (2002) *Land tenure policies, Masai traditions, and wildlife conservation in Kenya. Soc. Nat. Res.*

Serneels S, Lambin EF (2001) *Impacts of Land-use changes on the wildebeest migration in the northern part of the Serengeti-Mara ecosystem*. J. Biogeogr.

Sindiga I. (1995) *Wildlife based tourism in Kenya: Land use conflicts and government compensation polices over protected areas*. J Tourism Study.

Smith, Thomas M., Robert Leo e Smith. (2012) *Elements of Ecology* (Oitava ed.). Boston: Benjamin Cummings

Southgate, C. e Hulme.D (1996). *Environmental Management in Kenya's Arid and Semi-arid Lands: An overview of Rural Resources Rural* Livelihoods working paper Series, No.2.Institute for Development Policy and Management, University of Manchester, Manchester

Stelfox, J.G.; Peden, D.G.; Epp, H.; Hudson, R.J.; Mbugua, S.W.; Agatsiva, J.L.(1986) *Herbivore dynamics in southern Narok, Kenya. J. Wildlife Manag.*

Stoner, C., Caro, T., Mduma, S., Mlingwa, C., Sabuni, G. e Borner, M. (2007) *Assessment of effectiveness of protection strategies in Tanzania based on a decade of survey data for large herbivores*. Conservation Biology.

Stuart, C. e Stuart, T. (2006) *Field Guide to Mammals of Africa.* Struik publishers, Cidade do Cabo.

Tucker, C. J. (1979) *Red and Photographic Infrared Linear Combinations for Monitoring Vegetation*. Remote Sensing of Environment.

Tucker, C. J., e Sellers, P. J. (1986) *Satellite remote sensing of primary production*. International Journal of Remote Sensing.

Turner, B.L., (2001), *Land-Use and Land-Cover Change: Advances in 1.5 Decades of Sustained International Research, GAIA-Ecological Perspectives in Science*, Humanities, and Economics, 10 (4), pp 269-272.

van der Waal, C. e Dekker, B. (2000) *Game ranching in the Northern Province of South Africa*. South African Journal of Wildlife Research.

Vitousek P.M, Mooney H.A, Lubchenco J, Melillo J.M. (1997) *Human domination of Earth's ecosystem.* Ciência

Wang, J., Price, K. P.e Rich, P. M. (2003) *Respostas temporais do NDVI à precipitação e à temperatura nas Grandes Planícies centrais*, EUA. Int. J. Remote Sensing.

Western, D. (1973) *The structure, dynamics, and changes of the Amboseli ecosystem.* Pd. Tese de doutoramento, Universidade

Western, D. (1994a) "*Linking Conservation and Community Aspirations*", em D. Western e R. M. Wright (eds.) Natural Connections: Perspectives in Community-based Conservation, Island Press, Washington.

Western, D. (1994b) "*Vision of the Future*: The New Focus of Conservation", em D. Western e R. M. Wright (eds.) Natural Connections: Perspectives in Community-based Conservation, Island Press, Washington, D.C.

Western, D. (2003) "*Conservation Science in Africa and the Role of International Collaboration*", Conservation biology.

Western, D. e Wright R. M. (1994) "*The Background to Community-based Conservation*", em D. Western e R. M. Wright (eds.) Natural Connections: Perspectives in Community-based Conservation, Island Press, Washington, D.C.

Western, D. e Wright R. M. (eds.) (1994) *Natural Connections: Perspectives in Community-based Conservation*, Island Press, Washington, D.C.

Western, D., Lindsay K. (1984). *Dinâmica sazonal da manada de uma população de elefantes da savana.* Afr. J. Ecol.

Western, D., Manzolillo-Nightingale, D.L., (2004) *Environmental Change and the Vulnerability of Pastoralists to Drought:* A Case Study of the Maasai in Amboseli, Kenya. Africa Environment Outlook Case Studies: Human Vulnerability to Environmental Change. PNUA, Nairobi.

Western, D., Russell, S. e Cuthill, I. (2009) *The status of wildlife in protected areas compared to non-protected areas of Kenya.* PLoS ONE 4, e6140. DOI online: 10.1371.

Madeira. A. Stedman-Edwards. P e Mang. J, (1999) *Ten Case Studies- The Root Causes of Biodiversity Loss*. Earthscan, Reino Unido.

Yang, L., Wylie, B. K., Thieszen, L. L., and Reed, B. C. (1998) *An analysis of relationships among climate forcing and time-integrated NDVI of grasslands over the U.S. northern and central great plains*. Remote Sensing of Environment.

Zar, J.H. (1999) *Biostatistical Analysis*. 4ª ed., Prentice-Hall, Inc., Upper Saddle River, Jersey, EUA. Prentice-Hall, Inc., Upper Saddle River, New Jersey, EUA.

APÊNDICES

Appendix 1: Lista de animais selvagens encontrados no ecossistema das zonas húmidas de Kimana

Animais selvagens encontrados no ecossistema das zonas húmidas de Kimana	
Nome comum (nome inglês)	Nome científico
Mega herbívoros	
Rinoceronte branco	*Ceratotherium simum*
Elefante africano	*Loxondata africana*
Grandes Herbívoros	
Topi	*Damaliscus lunatus korrigum,*
Hipopótamo	*Hoppopotamus amphibius*
Girafa Maasai	*Giraffa Camelopardalis tippelskirchi*
Hartebeest - Kongoni	*Alcelaphus birselaphus Quéniae*
Pato-d'água comum	*Kobus ellipsiprymnus*
Gnu	*Connochetes taurinus*
Javali	*Phacochoerus africanus*
Arbusto	*Tragelaphus scriptus*
Gazela Thomsons	*Gazella thomsoni*
Conceder gazela	*Gazella granti*
Impala	*Aepyceros melampus,*
Elande comum	*Taurotragus oryx*
Búfalos africanos	*Syncerus caffer caffer*
Zebra de Grevy	*Equus grevyi*
Zebra simples/comum	*Equus burchelii*
Grande Kudu	*Tragelaphus strepsiceros*
Kudu-pequeno	*Tragelaphus imberbis*
Ariranha de orelhas salientes	*Oryx beisa callotis*
Duiker (Vermelho)	*Cephalophus natalensis*
DikDik	*Rhynoctragus kirki*
Gerenuk	*Litocranius walleri*
Klipspringer	*Oreorragus oreotrugrrs*
Springhare	*Pedetes capensis*
Hiracema	*Procavia capensis*
Hiracema	*Denddrohyrax arboreus*
Carnívoros	
Leão africano	*Panthera leo*

Leopardo	*Panthera pardus*
Chita	*Acinonyx jubatus*
Hiena-pintada	*Crocuta crocuta*
Chacal de dorso prateado	*Canis aureus*
Primatas	
Babuíno da Savana	*Papio cynocephalus*
Macaco Sykes	*Cercopithecus mitis*
Macaco Vervet	*Cercopithecus aethiops*
Bush bebé	*Galango senegalensis*

Appendix 2: Culturas hortícolas e alimentares cultivadas no ecossistema das zonas húmidas de Kimana

Tipos de culturas hortícolas	Produção hortícola em toneladas	Tipos de culturas alimentares	Produção de culturas alimentares em toneladas
Laranjas	580	Milho	93,750
Limões	45	Milho e feijão entre culturas	687,500
Pumello	7.5	Feijões	16,875
Targerinas	7.5	Batatas irlandesas	1,350
Abacates	225	Trigo	80
Mangas	560	Girassol	2,840
Bananas	450	Sorgo	150
papaia	68.75	Milho painço	30
Maracujá	5	P .ervilhas	280
Tomates	9,000	Grama verde	10
Cebolas	300	Dolycoslablab	375
Couves	180	Ervilhas de vaca	150
Baleias	120	Amendoins moídos	125
Feijões franceses	32.9	Batatas doces	85
Chilles	200	Mandioca	108
Brinjais	24	Raízes de seta	15
Katella	32	Coco inhame	2.5
Rafaya	36		
Milho para bebé	32		

Appendix 3: **Correlações entre as mudanças no uso da terra no ecossistema das zonas húmidas de Kimana**

Tipo de utilização do solo	Correlação	Terras de cultivo	Zona húmida	liquidação	Outros terrenos	Florestas	Prados	Floresta
Cultura	Pearson Correlação	1	-0.979**	0.989**	0.952*	-0.989**	-0.989**	-0.922*
	Sig. (bicaudal)		0.004	0.001	0.013	0.001	0.001	0.026
zona húmida	Pearson Correlação	-0.97999	1	-0.946*	-0.990**	0.974**	0.951*	0.939*
	Sig. (bicaudal)	0.004		0.015	0.001	0.005	0.013	0.018
liquidação	Pearson Correlação	0.989**	-0.946*	1	0.903*	-0.986**	-0.980**	-0.918*
	Sig. (bicaudal)	0.001	0.015		0.036	0.002	0.004	0.028
Outros terrenos	Pearson Correlação	0.952*	-0.990**	0.903*	1	-0.934*	-0.931*	-0.890*
	Sig. (bicaudal)	0.013	0.001	0.036		0.020	0.022	0.043
Florestas	Pearson Correlação	-0.989**	0.974**	-0.986**	-0.934*	1	0.959**	0.96**
	Sig. (bicaudal)	0.001	0.005	0.002	0.020		0.010	0.007
Prados	Pearson Correlação	-0.989**	0.951*	-0.980**	-0.931*	0.959**	1	0.856
	Sig. (bicaudal)	0.001	0.013	0.004	0.022	0.010		0.064
Floresta	Pearson Correlação	-0.922*	0.939*	-0.918*	-0.890*	0.967**	0.856	1
	Sig. (bicaudal)	0.026	0.018	0.028	0.043	0.007	0.064	

**. A correlação é significativa ao nível de 0,01 (bicaudal).

*. A correlação é significativa ao nível de 0,05 (bicaudal).

Appendix 4: Caraterísticas das opiniões dos entrevistados relativamente às alterações do uso do solo e aos seus efeitos nos ungulados selvagens

Informações solicitadas	Respostas de inquiridos	Número de Inquiridos (n=200)	Qui-quadrado Adequação; df; Valor P
Género	Masculino	147	r= 44,180, df=1 P=0.000
	Feminino	53	
Idade	18-35	77	r=7.090 df=2 P=0,029
	36-50	74	
	Acima de 51	49	
Nível de educação	Nenhum	45	r=26,520 df=3 P=0,000
	Primário	74	
	Secundário	57	
	Terciário	24	
Fonte de subsistência	Culturas agrícolas	78	r=123,400 df=6 P=0,000
	Pecuária	35	
	Trabalhador rural por conta própria	15	
	Trabalhador independente urbano	15	
	Trabalho por conta de outrem	6	
	Culturas agrícolas e pecuária	34	
	Pecuária e vida selvagem	17	
Duração da estadia	<5 anos	33	r=60,700 df=4 P=0,000
	5.1-10 anos	36	
	10.1-15 anos	83	
	15.1-20 anos	23	
	Mais de 20,1 anos	25	
Propriedade do terreno	Sim	186	r=147,920, df=1 P=0.000
	Não	14	
Tamanho individual do terreno	<2,5 acres	80	r=112,650 df=4 p=0,000
	2,5-5 Acre	73	
	5,1-7,5 acres	20	
	7,6-10 Acre	16	
	Acima de 10,1 acres	11	
Utilização atual do solo	Culturas agrícolas	88	r=76,450 df=4 p=0,000
	Pecuária	35	
	Vida selvagem	18	
	Comercial	33	
	Culturas agrícolas e pecuária	26	
A utilização do solo tem vindo a mudar ao longo dos anos?	Sim	180	r=128,000, df=1 p=0,000
	Não	20	
O LUC afectou os ungulados selvagens?	Sim	178	r=115,520, df=1 p=0,000
	Não	22	
Distância da herdade individual às áreas protegidas	0-5 km	89	r=85,050 df=4 p=0,000
	5,1-10 km	19	
	10,1-15 km	20	
	15,1-20 km	44	
	Mais de 20,1 km	28	
Causas da alteração do uso do solo	Expansão agrícola	63	r=129,760 df=7 p=0,000
	Forças económicas	26	
	Política	21	
	Mudança da política de posse da terra	21	
	Aumento da população humana	51	
	Seca	8	
	Pobreza	6	
	Nível de educação	4	
Existe um ser humano Conflito com a vida selvagem?	Sim	190	r=162,000, df=1 p=0,000
	Não	10	

Formas de vida humana Conflitos com a vida selvagem	Destruição de culturas	88	r=141,820 df=5 p=0,000
	Predação do gado	50	
	Lesões humanas	17	
	Morte de um ser humano	26	
	Mortes na estrada	11	
	Concorrência por alimentos	8	
Período do ano em que os conflitos são grave	janeiro-março	41	r=59,320 df=3 p=0,000
	abril- junho	25	
	julho - setembro	96	
	outubro - dezembro	38	
Período do dia em que os conflitos são graves	6h-11h	54	r=82,840 df=3 p=0,000
	11:00 às 14:00	25	
	Das 14h às 18h	20	
	6pm-6am	101	

Appendix 5: Instalações turísticas no ecossistema das zonas húmidas de Kimana

Estado	Nome da instalação	Tipo	N.º de camas	Proprietário
Parque Nacional de Amboseli				
	Amboseli Serena	Alojamento	182	TPS
	Pousada de Oltukai	Alojamento	170	Privado
	Alojamento em Amboseli	Alojamento	240	Privado
	Kilimanjaro Safari Camp	Alojamento	182	Privado
	Parque hqs	Bandas	20	KWS
Rancho do Kimana Group				
Existente	Campo de safari de Kilima	Tenda	134	Hotéis Mada
	Campo de Kibo	Tenda	194	Privado
	Hotéis Sentrim	Alojamento	120	Sentrim
	Alojamento Tawi	Alojamento ecológico	34	Privado
	Pousada Sopa	Alojamento	166	
	Acampamento de Elerai	Alojamento ecológico	34	Comunidade
	Parque de campismo público comunitário	Parque de campismo	18	Comunidade
	Ol Kanjao	Campo de tendas	20	
Não operacional	Kimana leopardo	Alojamento		
	Acampamento Zebra	Campo de tendas		KCWS
	Acampamento de Twiga	Campo de tendas		KCWS
Existente	Alojamento A-A	Alojamento	80	Propriedade chinesa
Rancho do grupo Olgulului				
Existente	Campo de Tortilis	Alojamento ecológico	40	
Rancho do Grupo Selengei				
Existente	Acampamento de Porini	Alojamento ecológico	12	Privado
Rancho do Grupo Mbirikani				
Existente	Alojamento Oldonyo	Alojamento ecológico	20	Grandes planícies
	Kampi ya kanze	Alojamento ecológico	16	Privado

Apêndice 6: Questionário ao agregado familiar

Não.

Universidade do Quénia

Departamento de Planeamento e Gestão Ambiental

Questionário aos agregados familiares

Este questionário tem por objetivo solicitar informações sobre a "MUDANÇA DOS PADRÕES DE UTILIZAÇÃO DO TERRENO E O SEU IMPACTO SOBRE OS UNGULATOS SELVAGENS NO ECOSSISTEMA HÚMIDO DE KIMANA, CONDADO DE KAJIADO, QUÉNIA". As informações recolhidas serão tratadas com o maior cuidado e confidencialidade e serão utilizadas exclusivamente para fins académicos.

SECÇÃO 1

INFORMAÇÃO DE BASE

a) Enumerador..

b) Divisão..Localização............................

c) Sublocalização..Aldeia.....................................

1. CARACTERÍSTICAS DO AGREGADO FAMILIAR

a) Nome do inquirido (facultativo) ____________________________________

b) Género Masculino I I Feminino I I

c) Idade (1). 18-35 (_________ 2). 36-50 (_________3). Mais de 51 anos

d) Estado civil (1). Casado___ (2). Viúva___ (3). Solteiro _____________(4). Outro (especificar)

e) Posição no agregado familiar 1). Chefe _______(2). Descendentes ____(3). Outros (especificar)

f) Quantos membros tinha a família 1) há 30 anos __2) há 20 anos __(3) há 10 anos

g) Nível de instrução do inquirido (1). Nenhum (________ 2). Primário (_______ 3). Secundário (4). Terciário (____________5). Outros (especificar)

f) Profissão

g) Qual é a(s) fonte(s) do seu sustento?

2. UTILIZAÇÃO DO SOLO

a) Há quanto tempo está nesta zona?

(1) ≤5 anos________, (ii) 6-10 anos ____, (iii) 11-15 anos (iv) 16-20 anos

(v) 21-25 anos ___________(vi) mais de 26 anos _____________

b) É proprietário desta parcela de terreno? a) Sim b) Não_________

c) Como é que o adquiriu (1) Comprando__________(2) Herança _________(3) outro especificar

d) Qual é a dimensão das terras sob o seu controlo?

(1) <1 acre___, (ii) 1,1- 2,5acre___ (iii) 2,6-5 acres ______

(iv) 5,1-7,5 acres (v) 7,6-10 acres _______________

(vi) 10.1 e mais acres___________________

e) Qual é a utilização atual do solo?

1) Culturas agrícolas ________ ii) Criação de gado __________

111) Pecuária e culturas iv) Pecuária e vida selvagem _________________________

v) Pecuária, cultura e vida selvagem___ vi) comercial

vii) Qualquer outra especificação _____________________________

f) A prática de utilização dos solos tem vindo a mudar ao longo dos anos? Especificar

g) Quais são as forças que impulsionaram as mudanças no uso do solo nesta área?

h) Considera que a alteração das práticas de utilização dos solos acima mencionada afectou a zona húmida? Em caso afirmativo, especifique

i) Considera que a alteração das práticas de utilização dos solos acima referida afectou a população de ungulados selvagens nesta zona? Em caso afirmativo, especificar ________________

j) Distância da sua exploração agrícola à zona protegida (1). 0-500m__,

2) . 501- 1km _______, 3) 1.1- 5km_____ , 4). Acima de 5 km_______

k) Como é que a disponibilidade de água muda com o tempo?

Aumento ii) Diminuição iii) Sem alteração _____

3. CONFLITOS ENTRE HUMANOS E ANIMAIS SELVAGENS

a) (i) Já ouviu falar do termo "conflito entre humanos e animais selvagens"? Sim___ Não

(11) Em caso de resposta afirmativa à pergunta anterior, considera que existe um conflito entre humanos

e animais selvagens no ecossistema das zonas húmidas de Kimana? Sim Não

b) Já foi afetado por alguma forma de conflito entre humanos e animais selvagens?

Sim___ Não

c) Qual é o animal que considera mais perigoso na zona? Porquê?

d) Quais são os animais mais problemáticos da zona? Enumera-os por ordem do mais problemático para o menos problemático ____

e) Pode mencionar alguns dos conflitos entre humanos e animais selvagens nesta zona? (Classifique-os do maior para o menor, indicando a(s) sua(s) possível(is) causa(s)))

Não.	Conflito	Causa (s) do conflito
1.	Destruição de culturas pela vida selvagem	
2.	Competição entre gado e animais selvagens por forragem e água	
3	Intercâmbio de doenças entre a fauna selvagem e o gado	
.4.	Barricamento de corredores de dispersão da vida selvagem	
5.	Caça furtiva de animais selvagens	
6.	Ataque de animais selvagens	
7.	Ataques humanos por animais selvagens	
8.	Mortes na estrada	

f) Quais são as áreas/ zonas mais afectadas pelos conflitos entre humanos e animais selvagens?

g) Em que altura do dia é que estes problemas são mais graves?

(1) 6h -11h __ (ii) 12h -2h__ (iii) 15h - 18h__

(iv) Das 19h às 6h _______________

h) Em que altura do ano é que estes problemas são graves?

(i)janeiro - março_________(ii) abril - junho_____ (iii) julho - setembro

(iv) outubro - dezembro

i) O que é que faz para controlar (minimizar) os danos causados pela vida selvagem?

(1) Nada___ (ii) Matar os animais ___________ (iii) Utilizar repelentes (_____ iv)

Mudar as rotas e as pastagens para o gado___ (v) Chamar o director___ (vi) Outros (especificar)

j) Considera que estes conflitos podem ser reduzidos/resolvidos?

Sim Não

k) Em caso afirmativo, que papel pensa que cada uma destas partes deve desempenhar para minimizar a interação

Não.	Grupo/ Partido	Papel no conflito resolução
1.	Conservacionista	
2.	Governo	
3.	Pastoralista	
4.	Agricultor	
5.	Comunidades locais	
6	Promotores privados	
7.	Conselho de Condado	
8.	Automobilista	
9.	Outros especificar	

l) Qual destas opções apoiaria para resolver os problemas de conflitos entre humanos e animais selvagens?

(i) Vedação das explorações___ (ii) Translocação de animais selvagens___ (iii) Compensação financeira por perdas (iv) Abate de animais selvagens

(v) outros, especificar ____

m) Na sua opinião, acha que o KWS tem a capacidade de lidar com a questão dos conflitos entre humanos e animais selvagens? Justifique

n) Que benefícios obtém da vida selvagem?

o) Na sua opinião, qual é o futuro da vida selvagem nesta zona?

Apêndice 7: Programa da entrevista

Universidade do Quénia

Departamento de Planeamento e Gestão Ambiental

Questionário institucional

Este questionário tem por objetivo solicitar informações sobre a "MUDANÇA DOS PADRÕES DE UTILIZAÇÃO DO TERRENO E O SEU IMPACTO SOBRE OS UNGULATOS SELVAGENS NO ECOSSISTEMA HÚMIDO DE KIMANA, CONDADO DE KAJIADO, QUÉNIA". As informações recolhidas serão tratadas com o maior cuidado e confidencialidade e serão utilizadas exclusivamente para fins académicos.

Detalhes dos inquiridos

Nome da instituição..

Nome do entrevistado (facultativo)..

1] Introdução

a) Há quanto tempo é que a instituição opera neste domínio?

b) Quais são as responsabilidades da vossa instituição?

c) Que desafios enfrenta a sua organização na execução do seu mandato?

2] Utilização do solo

a) Quais são as actuais utilizações do solo nesta zona?

b) A(s) utilização(ões) do solo mudou(aram) nos últimos 30 anos? Sim/Não

c) Em caso afirmativo, explique de que forma tem evoluído nos últimos 30 anos, 20 anos e 10 anos?

d) Quais são, na sua opinião, as possíveis causas da alteração do uso do solo nesta zona?

e) As actuais utilizações do solo são compatíveis com a conservação e gestão da vida selvagem?

....

f) Há pessoas que estão a invadir o habitat da vida selvagem/das zonas húmidas? Sim/ Não

Dar detalhes..

g) Que medidas foram adoptadas pela sua organização para evitar novas invasões do habitat de zonas húmidas/vida selvagem?

3] Conflitos entre humanos e animais selvagens

a) Existem conflitos entre o homem e a vida selvagem nesta zona? Sim/ Não

b) Justifique a sua resposta

c) Quais são as formas mais comuns de conflitos entre o homem e a vida selvagem nesta zona?

d) Por favor, classifique-os do mais comum para o menos comum

e) Quais são as principais causas destes conflitos?

f) Em que altura do dia/ano é que estes conflitos são mais graves? Explique

g) Quais são os animais mais problemáticos? Classifica-os do mais para o menos

h) Que medidas adoptou a sua organização para atenuar estes conflitos?

i) Na sua opinião, qual é o meio mais eficaz de atenuar estes conflitos?

j) Qual é o futuro da vida selvagem nesta zona?

k) Na sua opinião, por favor Comentários sobre o futuro do ecossistema da zona húmida de Kimana

MIX
Papier aus verantwortungsvollen Quellen
Paper from responsible sources
FSC® C105338

Printed by Books on Demand GmbH, Norderstedt / Germany